本书是2019年度教育部人文社会科学研究青年基金项目"明代南海海防指挥体系及其时空演变特征研究"（编号：19YJC770012）的研究成果；本书的出版得到宝鸡文理学院哲学重点学科建设经费资助。

明代广东海防指挥体系时空演变研究

A Study on the Spatial–temporal
Evolution and Command Structure of Guangdong
Coastal Defense in the Ming Dynasty

韩虎泰　著

中国社会科学出版社

图书在版编目（CIP）数据

明代广东海防指挥体系时空演变研究 / 韩虎泰著. —北京：
中国社会科学出版社，2020.9
ISBN 978 - 7 - 5203 - 7258 - 9

Ⅰ.①明… Ⅱ.①韩… Ⅲ.①海防工程－防御体系－
研究－中国－明代 Ⅳ.①E953

中国版本图书馆 CIP 数据核字（2020）第 179365 号

出 版 人	赵剑英
责任编辑	李金涛
责任校对	王　龙
责任印制	李寡寡

出　　　版	中国社会科学出版社
社　　　址	北京鼓楼西大街甲 158 号
邮　　　编	100720
网　　　址	http://www.csspw.cn
发 行 部	010 - 84083685
门 市 部	010 - 84029450
经　　　销	新华书店及其他书店

印刷装订	北京市十月印刷有限公司
版　　　次	2020 年 9 月第 1 版
印　　　次	2020 年 9 月第 1 次印刷

开　　　本	710 × 1000　1/16
印　　　张	16
字　　　数	230 千字
定　　　价	89.00 元

目　　录

绪

论

第一节　选题意义与研究对象

一　选题意义

中国地处亚欧大陆东部，太平洋西岸。北起鸭绿江口，南至北仑河口，跨越14省（直辖市、自治区、特别行政区）拥有18000多千米曲折而漫长的大陆海岸线[①]。其中濒临南海的包括今广东、澳门、香港、广西、海南五省（特别行政区）——即明代的广东地区，北部与福建相接，南部与南安界邻，岸线全长近6500千米，是一段具有重要战略意义的海防线。

明朝是广东海防体系初步形成的时期，清前期广东传统海防体系进一步完善，清中后期则开始出现海防体系的近代化转型，至民国时期这一转型基本完成。明清民国时期广东传统海防体系的形成、完善以及向近代化的转型，不仅在制度与器物层面均有所反映，而且突出地体现在海防地理格局的演变方面。明代广东海防指挥体系和海防地理格局的形成，对后世广东海防指挥体系和海防地理格局产生了重大的影响。本项研究无疑对促进广东历史地理尤其是广东海防史与广东历史海防地理研究的深入，可以起到积极的作用，因而具有一定的学术价值。同时，通过对明代广东海防指挥体系的整体性和系统性研究，从时间和空间交错的维度厘清明代广东海防指挥体系内部各层级之间错综复杂的关系及其变动因素，进而在明代大海防背景下揭示广东海防指挥体系的时空演变规律，从而推动明代海防理论体系的进一步完善和深化，并有助于深化我国海洋文化发展历史、

---

① 《中国大百科全书》编辑委员会、《中国地理》编辑委员会：《中国大百科全书·中国地理》，中国大百科全书出版社1993年版，第640页。

发展规律和发展方向的学术研究。广东海防指挥体系的建制与演变，反映了明代在南海海洋竞逐的盛衰过程。深入探讨广东海防指挥体系的建设轨迹，可以为新时代建设21世纪海上丝绸之路、海陆统筹、国家海洋战略、维护海洋权益、增强全民族海洋意识等重大现实问题提供合理的历史逻辑和有益的历史借鉴，因而具有一定的现实意义。

二 研究对象

（一）广东

本书以"明代广东海防指挥体系"为研究对象，其中"广东"的概念同今天现当代意义上的广东略有差别。本书所指称的"广东"就行政区划而言，主要是指今广东省沿海地区、澳门特别行政区、香港特别行政区、广西壮族自治区北部湾沿海地区（北海、钦州、防城港等市）以及海南省全境，即明代的广东地区沿海地带。由于域内山海交错，水陆相通，可停泊登岸的港湾众多，可藏匿和取给的近海岛屿密集，海洋环境十分复杂①。故屈大均云："吾粤水道多歧，山海相通，盗贼易为出没。"②顾祖禹亦曰："海环广东南界，倚为险固，然攻守之计亦莫切于海。"③因而广东海防同其他地区的海防在地理格局上有很大不同，将其作为一个整体研究，有助于揭示明代广东地区海洋防御的复杂面相。

（二）海防指挥体系

海防指挥一体系是海防体制的重要组成部分，本书所探讨的海防指挥体系主要是指明初的卫所指挥体系，以及明代中后期的总督、总兵、参将等指挥体系。明代是中国海防体制全面建立的关键时期。截取广东海防体制中最为核心的海防指挥体系作为剖面，进而从时间和空间演变的维度，审视从明初以卫所制度为基础的防御架构，到明代中后期以雇募营兵为核

---

① 陈贤波：《重门之御：明代广东海防体制的转变》，上海古籍出版社2017年版，第18页。

② （清）屈大均：《广东新语》卷18《舟语·战船》，中华书局1985年版，第478页。

③ （清）顾祖禹：《读史方舆纪要》卷100《广东一》，中华书局2005年版，第4587页。

心的新体制转变过程中不同性质、不同层级指挥建制在驻防空间上的复杂变动和对海防的影响，从而揭示明代广东海防重心格局的时空演变。

第二节　目前国内外研究现状和趋势

南海是典型的陆缘海域。明代以来，随着倭寇、西欧殖民者的入侵，地区战略形势发生剧变。明王朝为应对海洋危机，开始建构完备的海防体系，对后世南海地缘政治产生了深远影响。本书属于历史海防地理研究的范围，从研究内容上亦属于南海海防史与南海历史地理研究的交叉领域。

中国海防史研究从20世纪60年代以来就逐渐引起人们的关注，中国国内最早研究中国海防史的一部专著是《中国人民保卫海疆斗争史》[①]，自从该书问世之后时至今日，经过几代学者的辛勤耕耘，相继涌现出了一大批中国海防史研究的著述。关于中国海防史或明代海防史的相关研究成果，已有学者做过较为详细的梳理[②]。目前，关于本课题的相关研究，根据侧重点的不同，主要集中在以下方面：

一　通论性海防著述中的明代广东海防研究

目前所看到的最早的通论性海防专著是《中国人民保卫海疆斗争史》，该书共分为四编，其中第一编为："鸦片战争前我国人民保卫海疆斗争史"，该编第二章论述了明代因倭寇的侵略而使东南海防面临着严峻的形势，并从卫所、巡检司、水寨、墩台等海防建置以及战船、火器等海防装备方面展现了明代东南沿海的抗倭斗争史，进而认为嘉靖末期抗倭斗

[①]　《中国人民保卫海疆斗争史》编写组编著：《中国人民保卫海疆斗争史》，北京出版社1979年版。

[②]　参阅陈贤波《重门之御：明代广东海防体制的转变》之"绪论"部分（上海古籍出版社2017年版）；赵树国《明代北部海防体制研究》之"绪论"部分（山东人民出版社2014年版）。

争的重心开始转向广东，并对广东地区战船的建造略作介绍①。由于该书写
作时间较早，加之其为通论性著作，故而对明代海防，尤其是明代广东海
防的研究并不深入，略显单薄，但其在海防史上的开拓性贡献不容忽视。
张铁牛、高晓星合著《中国古代海军史》是中国海防史研究的又一部力
作，作者以长时段的历史视角展现了自上古时代至清代晚期中国海军的形
成、发展、鼎盛和衰亡的全过程。其中第六章"明代海军"部分分别从造
船航海、水军战船、兵器、海防水军建置、水军训练、海防人物、实战案
例等多角度地论述了明代的海军建设，其中对广东战船的建造和形制情况
进行了专门论述，其次对广东沿海卫所建置、水军和海防装备的配置等问
题也做了若干讨论②。海军军事学术研究所编著的《中国海防思想史》探讨
了中国海防思想的发展历程，其中对明代的海防思想着墨较多③。杨金森、
范中义所著《中国海防史》是以"中国海防史"命名的第一部通论性海防
专著，作者在第一篇"明代的海防"中将明代海防建设分为五个阶段，主
要从明代的海防形势、海防战略及政策、海防体制建设、海防力量部署、
海防斗争等不同角度，全方位地展现了明代海防史的概貌，并分阶段对不
同地区海防建设作了探索。其中，对广东海防在不同发展阶段中的海防政
策、卫所、巡检司、墩台等设施安排，水军建设、领导指挥体系、海防战
役等作了较为全面的研究。尤其值得一提的是该书搜集了大量档案文献资
料，特别重视未被人们注意、沉睡于各种史籍中有关海防方面的史料，无论
是宫廷档案还是民间著述，凡涉及海防事务的"圣训"、大臣奏议和实录以
及筹划沿海防务的兵书和其他海防文献，均进行了整理、分析研究，从而较
客观地评价了六百多年来海防斗争的历史事实，总结了海防建设的经验教
训，为推进我国海防战略研究和今后的海防建设做出了不可忽视的贡献④。

---

① 《中国人民保卫海疆斗争史》编写组编著：《中国人民保卫海疆斗争史》，北京出
版社 1979 年版。
② 张铁牛、高晓星：《中国古代海军史》，解放军出版社 1993 年版。
③ 海军军事学术研究所编著：《中国海防思想史》，海潮艺术出版社 1995 年版。
④ 杨金森、范中义：《中国海防史》，海洋出版社 2005 年版。

此外，唐志拔《中国舰船史》①、王兆春《中国火器史》②、郑广南《中国海盗史》③、马大正主编《中国边疆经略史》④以及张炜、方堃主编《中国海疆通史》⑤等相关著述也涉及了中国海防史和广东海防史的内容。另外，研究时段上跨明清两代的部分学术论文对明代广东海防史的内容也有涉及。如卢建一《从明清东南海防体系发展看防务重心南移》一文认为：继宋代经济中心南移以后，由于沿海客观形势发生深刻变化，明代统治者开始在东南沿海建立海防体系，沿海设水寨、卫所、城堡三重防线。这是海防史上在沿海布下责任分工明确的长期防御线。由于该文是以福建为中心进行讨论，除了沿海卫所的布局之外，对南海的其他状况则讨论较少⑥。张晓林、刘昌龙《明清时期海防战略运用的历史演变及得失》一文对明清不同时期海防战略运用进行梳理和总结，并对其得失进行较为客观的评价，文中部分内容涉及明代的广东地区⑦。刘昌龙、张晓林、黄培荣《明清时期海防的历史演变及启示》对明代的广东海防也略有论及⑧。

二　明代广东海防与海洋商贸关系的研究

　　明代是广东地区经济与商贸发展的重要时期，同时也是海疆防御面临前所未有之考验阶段，历来是学者关注的重点。如戴裔煊《明代嘉隆间的倭寇海盗与中国资本主义萌芽》一书中指出："嘉靖年间的倭寇运动，实质上是中国封建社会内部资本主义萌芽时期，东南沿海地区以农民为主，包括手工业者、市民和商人在内的被剥削压迫的各阶层人民，反对封建地主阶级

---

　　①　唐志拔：《中国舰船史》，海军出版社1989年版。

　　②　王兆春：《中国火器史》，军事科学出版社1991年版。

　　③　郑广南：《中国海盗史》，华东理工大学出版社1998年版。

　　④　马大正主编：《中国边疆经略史》，中州古籍出版社2000年版。

　　⑤　张炜、方堃主编：《中国海疆通史》，中州古籍出版社2003年版。

　　⑥　卢建一：《从明清东南海防体系发展看防务重心南移》，《东南学术》2002年第1期。

　　⑦　张晓林、刘昌龙：《明清时期海防战略运用的历史演变及得失》，谌小灵主编《明清海防研究》，第五辑，广东人民出版社2012年版。

　　⑧　刘昌龙、张晓林、黄培荣：《明清时期海防的历史演变及启示》，《军事历史研究》2012年第2期。

及其海禁政策的斗争。"①陈春声则从明清之际潮州地方社会急剧动荡、由
"乱"入"治"的历史过程,观察原有的社会秩序和地方权力结构发生关系
的过程中海盗与私人海上贸易在其中的搅动②。李庆新《明代屯门地区海防
与贸易》从海防与贸易的互动关系角度探讨了"南头体制""广中事例"等
问题,具有独到的见解③。此外,李庆新还从海道副使职能的演变来理解广
东海防体制与南海贸易转型的关系④。2006年8月在澳门召开了"明清广东
海运与海防国际学术研讨会",会上霍启昌《浅谈"澳门模式"与明清港澳
地区海防》一文,以及邓开颂《明中后期至清前期柘林海湾海外贸易的特点
与饶平、潮州海防布局之关系》就明代广东地区的运输、贸易与海防系统的
变化进行了深入探讨⑤。吴宏岐《澳门开埠与明代广东海防形势的变化》一
文将澳门开埠视为广东海防重心移至中路的主要原因⑥。陈文源《明朝中国
海商与澳门开埠》从明代朝贡贸易体制与中、葡商人之利益冲突来审视广东
海防的主要矛盾,并将之视为澳门开埠的主要动因⑦。林仁川、杨国桢、陈
学霖、陈春声、汤开建等学者从省际之间整体性与流动性的角度对活跃于广
东北部闽广之间海盗与商业之间的关系进行了深入的研究⑧。

---

① 戴裔煊:《明代嘉隆间的倭寇海盗与中国资本主义萌芽》,中国社会科学出版社
1982年版。
② 陈春声:《明清之际潮州的海盗与私人海上贸易》,《文史知识》1997年第9期。
③ 李庆新:《明代屯门地区海防与贸易》,《广东社会科学》2007年第6期。
④ 收入李庆新《濒海之地——南海贸易与中外关系研究》,中华书局2010年版。
⑤ 两文收入澳门大学社会及人文科学学院中文系中国文化研究中心编《明清广东海
运与海防论文集》,澳门大学,2008年版。
⑥ 吴宏岐:《澳门开埠与明代广东海防形势的变化》,《国家航海》2016年第1期。
⑦ 陈文源:《明朝中国海商与澳门开埠》,《中国史研究》2018年第2期。
⑧ 参见林仁川《明末清初私人海上贸易》,华东师范大学出版社1987年版;杨国桢
《明代倭乱前的海上闽南与葡萄牙》,《瀛海方程——中国海洋发展理论与历史文化》,
海洋出版社,2008年版;陈春声《16世纪闽粤交界地域海上活动人群的特质——以吴平的
研究为中心》,李庆新主编《海洋史研究》,第1辑,社会科学文献出版社2010年版;陈
学霖《〈张居正文集〉之闽广海寇史料分析》,收入氏著《明代人物与史料》,香港中文
大学出版社2001年版;汤开建《明隆万之际粤东巨盗林凤事迹详考——以刘尧海〈督抚疏议〉
中林凤史料为中心》,《历史研究》2012年第2期。

三　明代广东海防与沿海地方社会秩序及海岛开发的研究

从区域社会史的角度看，广东海防体系构建的种种安排并非一个独立的系统，而与沿海地区及海岛地方社会之间的纠葛十分复杂。陈春声从区域社会史的角度考述明初潮州海防系统建立的缘由、过程和制度变迁，探讨沿海卫所布局所反映的潮州地方社会情形，认为明初潮州海防的建设目的是为了防御和平定沿海地区本土的盗贼和乱民，并从社会实际情况出发去理解海防体系建构过程的种种安排，并揭示这一过程对地方社会的长远影响[①]。与以往的研究相比，无论从研究视角还是结论上讲，都颇具新意，也颇能客观地揭示历史真相。另外，他还从探索社会转型过程中王朝体制与地域社会之间复杂互动关系的旨趣出发，揭示了明末清初潮州沿海地区"盗""民"和官府之间的博弈关系，并从这一角度来理解明代中期潮州地方开始的乡村军事化过程。他认为，筑城建寨与乡村聚落形态的军事化特征及"乡兵"组织与乡村军事化折射出了明初建立的卫所军制已经不足以应付东南沿海社会秩序急剧变动的局面[②]。从区域社会现象的微妙变化，深刻揭示了明代海防与地方社会之间的复杂关系，颇具发覆意义。黄挺则反对在明代海防研究中过分强调海防、海禁政策与防倭的联系。他以潮州为例，认为自明初至嘉靖中期的海防建设更多的是为了防止沿海地方社会的动乱，是为了加强国家政权对地方社会的控制[③]。杨培娜也从广东海防的角度关注到王朝国家的海防政策在沿海边远地区推行的实况及影响[④]。陈志国《水陆间的社会变迁——明清香山盗寇之患与地方社会秩序》一文也是探讨广东海防与地方社会之间关系的重要成果[⑤]。此外，陈贤波《从荒岛贼

[①]　陈春声：《明代前期潮州海防及其历史影响》，《中山大学学报》2007 年第 2—3 期。

[②]　陈春声：《从"倭乱"到"迁海"——明末清初潮州地方动乱与乡村社会变迁》，收入朱诚如编：《明清论丛》第二辑，紫禁城出版社 2001 年版。

[③]　黄挺：《明代前期潮州的海防建置与地方控制》，《广东社会科学》2007 年第 3 期。

[④]　杨培娜：《明代潮州大城所之演变与地方社会变迁关系初探》，收入《明朝广东海运与海防》，澳门大学出版社 2008 年版；杨培娜：《濒海生计与王朝秩序——明清闽粤沿海地方社会变迁研究》，博士学位论文，中山大学，2009 年。

[⑤]　陈志国：《水陆间的社会变迁——明清香山盗寇之患与地方社会秩序》，博士学位论文，中山大学，2011 年。

穴到聚落村庄——以涠洲岛为例看明清时期华南海岛之开发》一文从明清时期涠洲岛社会文化结构的演变出发，探讨了明政府与珠盗、海盗在涠洲岛及其周边海域的角力情况，以及对明清海防秩序的冲击和影响。

四　对明代广东海防体制与海防遗迹的研究

海防体制涵摄范围十分广泛，应包括海防机构与设施的建设、指挥体系的配备，军事财政筹集与兵员战舰的雇募与建造、防御工事的构筑等诸多方面。广东海防办和中山大学合编的《广东海防史》，是关于广东海防发展历史的概述性专著，该书第五章分别以明代初期海防卫所制度与广东海防体系的建立，中后期海防的衰落与重整，晚期葡萄牙、荷兰等西方殖民者的侵扰等为线索，分别从卫所军队、巡检司设置、军队屯田、水寨的建立、沿海巡防等方面对明代广东海防的发展做了较为粗浅的描述①。台湾学者黄中青从海上"第一道防御网"的水寨与游兵制度入手，分析浙、闽、粤三省寨游的建制、巡守和作用，对水寨长官及兵原、信地、战船数额及分配均有较详细的论述②。萧国健《明代粤东海防中路之南头寨》较为详细地考证论述了南头水寨的设置缘由、建置过程、指挥体系、军队数量、巡防范围等诸多问题③。南头水寨的发展是明代海防发展的一个缩影，这对明代盛极一时的南头水寨的研究具有开拓性意义。之后暨志远、张一兵通过对广东海防史料的排年，对南头水寨设置前后的明代广东海防进行深入比较研究④。黄文德对明代所建立的大鹏所城也进行了系统的研究⑤。李爱军、吴宏岐《明嘉靖、万历年间南海海防体系的变革》一文，着眼于

① 《广东海防史》编委会：《广东海防史》，中山大学出版社 2010 年版。

② 黄中青：《明代海防的水寨与游兵——浙闽粤沿海海盗防卫的建置与解体》，宜兰学书奖助金，2001 年。

③ 萧国健：《明代粤东海防中路之南头寨》，《香港历史与社会》，台湾商务印书馆 1995 年版。

④ 暨志远、张一兵：《明代前期广东海防建制的演变》《明代后期广东海防与南头水寨》，两文均收入张建雄主编《明清海防研究论丛》第1辑，广东人民出版社2007年版。

⑤ 黄文德：《明"卫所制度"与大鹏所城建城》，张建雄主编《明清海防研究论丛》第 1 辑，广东人民出版社 2007 年版。

海防体系的纵深性，探讨了从明初卫所为主的岸防到嘉万年间逐渐形成外洋、岸防和近海多层次防御的转变过程[1]。鲁延昭等学者则从历史地理学的角度以广东中部伶仃洋区域为中心，从海防地理形势、海防区划、海防部署、海防装备等多个层面分析"岛防—陆防—江防"的空间防御体系[2]。此外，2013年9月在广州举办的"环南海历史地理研究与海防建设论坛"讨论的主要议题便是南海海防建设问题。其中针对明代广东海防体制问题，学者分别从海寇入侵路线、炮台、战船、海岸防御基地建设、海防将官设置等多角度进行分析，凸显了地理因素在广东海防中的重要性[3]。陈贤波则从广东当局内部官员将领之间，以及广东与福建合作剿寇问题出发，分析明代中后期广东海防体制运作中的政治较量[4]。陈氏另一新著《重门之御——明代广东海防体制的转变》截取促成海防体制转变的关键环节、关键事件和关键人物的活动，尝试更为动态地描述明代广东海防体制转变的复杂过程，更多地着墨于促成海防体制转变的重大军事改革[5]。此外，杨培娜、陈忠烈、林俊聪、萧国健、林发钦等学者都从不同层面对明代广东海防体制作过较为深入的论述[6]。

---

① 李爱军、吴宏岐：《明嘉靖、万历年间南海海防体系的变革》，《中国边疆史地研究》2013年第6期。

② 鲁延昭：《明清时期广东海防"分路"问题探讨》，《中国历史地理论丛》2013年第2期；《明清时期伶仃洋区域海防地理特征研究——基于海防对象多样性与海防重心的阶段性》，《暨南学报》2013年第9期；《明清伶仃洋区域海防地理研究》，人民出版社2014年版；郭声波、鲁延召：《明清珠江口东岸海防部署中的巡检司》，谌小灵主编《明清海防研究》第5辑，广东人民出版社2012年版。

③ 相关研究收入郭声波、吴宏岐主编：《中国历史地理研究》第6辑《环南海历史地理与海防建设》（专号），西安地图出版社2014年版。

④ 陈贤波：《明代中后期广东海防体制运作中的政治较量——以曾一本之便为例》，《学术研究》2016年第2期。

⑤ 陈贤波：《重门之御——明代广东海防体制的转变》，上海古籍出版社2017年版。

⑥ 参见杨培娜《明代中期漳潮濒海军事格局刍探》，《潮学研究》新1卷第3期，2012年；陈忠烈《明代粤西的海防》、林俊聪《明清"闽粤咽喉"南澳岛的海防斗争》，以上两文收入《明清广东海运与海防论文集》，澳门大学出版社2008年版；萧国建《明代粤东海防中路之南头寨》，收入氏著《明清史研究论文集》，香港珠海书院1984年版；林发钦《澳门早期对外战争与军事防御》，收入吴志良、金国平、汤开建主编《澳门史新编》第三册，澳门基金会2008年版。

除上述成果以外，也有部分成果对明代海防遗迹包括广东海防遗迹进行了探讨和研究。除萧国健《关城与炮台：明清两代广东海防》外，段希萤《明代海防卫所型古村落保护与开发模式研究——以深圳大鹏村为例》通过对明代广东海防卫所型古村落进行调查和考证，就海防卫所型古村落的类型、选址、规模、整体布局、城池空间、分布等多方面进行了探讨①。王朝彬《中国海疆炮台图志》一书对明代环南海沿海的相关炮台遗存进行了简要介绍②。施丽辉《从明代海防遗迹看其海防设施的防御性》探讨了明代海防设施的遗存情况及其防御文化③。另外，广东省文物局编的《广东明清海防遗存调查研究》，首次全面系统地梳理了明代海防遗存名录和地理分布情况，图文并茂，较为全面地展现了明代广东海防遗迹④。

五 对明代广东海防战例的研究

近年来对明代广东海防战例的研究逐渐受到关注。海战能够集中体现海防部署与战略运作的具体实效，是分析海防体制得失的关键剖面。基于不同的研究视角，得出的结论亦大异其趣。王日根、黄友权《海洋区域治理视域下的月港"二十四将"叛乱》将"二十四将"叛乱置于明政府海洋区域控制的视角下观察，认为这是地方势力相争失衡的结果⑤。而吴宏岐、李贤强则持有不同意见，认为叛乱是在千里倭患大背景下的乘势之举，月港设县更大程度上是基于军事防御的需要⑥。此外，陈贤波《柘林兵变与明代中后期广东的海防体制》、吴宏岐等《嘉靖四十三年

---

① 段希萤：《明代海防卫所型古村落保护与开发模式研究——以深圳大鹏村为例》，硕士学位论文，长安大学，2011 年。
② 王朝彬：《中国海疆炮台图志》，山东画报出版社 2008 年版。
③ 施丽辉：《从明代海防遗迹看其海防设施的防御性》，《乐山师范学院学报》2012 年第 10 期。
④ 广东省文物局编：《广东明清海防遗存调查与研究》，上海古籍出版社 2014 年版。
⑤ 王日根、黄友权：《海洋区域治理视域下的月港"二十四将"叛乱》，《江海学刊》2012 年第 5 期。
⑥ 吴宏岐、李贤强：《明代福建月港"二十四将叛乱"与澄海设县问题再研究》，《中国边疆史地研究》2017 年第 2 期。

"三门之役的战场及相关问题"》均是广东海战研究的力作①。

六　对明代广东海防文献与人物思想的研究

　　明代的海防形势促使《筹海图编》等一大批海防文献的问世，并成就了俞大猷、郑若曾等海防人物及其思想，以及吴平、曾一本等众多海洋巨盗。自20世纪30年代，王庸、吴玉年、王婆楞等学者就致力于海防御倭史籍的整理，其中广涉广东海防文献②。陈列《明代海防文献考》一文对专记倭国倭情、专门讨论海防地理及御倭策略、战术等的明代文献作了一番梳理③。戴裔煊《〈明史·佛郎机传〉笺证》一书利用近百种中外文资料对《明史·佛郎机传》进行全面的考订，对澳门早期历史资料深度把握，为我们了解明代中晚期葡萄牙人，以及倭寇海盗在我国东南海域的活动提供了重要参考④。陈学霖《〈张居正文集〉之闽广海寇史料分析》在发掘史料、考证事实的基础上，对《张居正文集》中闽广海寇资料进行了详细勾稽⑤。陈春声从潮州地方文献《东里志》入手考察了晚明海防对地方文献编纂的影响⑥。陈贤波对明代苏愚编绘的《三省备边图记》进行细致考索，就该书的编绘过程、书中所记闽广进剿海寇的活动、曾一本事变前后闽广经略海寇的矛盾与曲折作了一番深入地审视⑦。这对揭示明代中后期广东地区海防运作实态有重要参

　　① 　陈贤波：《柘林兵变与明代中后期广东的海防体制》，《国家航海》2014年第3期；吴宏岐、王亚哲：《嘉靖四十三年"三门之役的战场及相关问题"》，《中国历史地理论从》2018年第2期。

　　② 　王庸：《明代海防图籍录》，《清华周刊》第37卷第90期文史专号，1934年；吴玉年：《明代倭寇史籍志目》，《禹贡》（半月刊）第2卷第4、6期，1934年；王婆楞：《历代征倭文献考》，重庆中正书局1940年版。

　　③ 　陈列：《明代海防文献考》，《明清海防研究》第6辑，广东人民出版社2012年版。

　　④ 　戴裔煊：《〈明史·佛郎机传〉笺证》，中国社会科学出版社1984年版。

　　⑤ 　陈学霖：《〈张居正文集〉之闽广海寇史料分析》，收入氏著《明代人物与史料》，香港中文大学出版社2001年版。

　　⑥ 　陈春声：《嘉靖"倭乱"与潮州地方文献编修之关系——以〈东里志〉的研究为中心》，《潮学研究》第5辑，汕头大学出版社1996年版。

　　⑦ 　陈贤波：《〈三省备边图记〉所见隆庆间闽广的海寇经略》，《海交史研究》2016年第1期。

考价值。

此外，吴宏岐、李贤强《从〈贤博编〉看明代文人叶权的海防思想》一文研究了叶权的籍贯和晚年的移居问题、《贤博编》的成书过程以及叶权对嘉靖以来东南沿海一带倭寇猖獗原因的分析，并对叶权关于东南沿海的海防问题所提出的相关建议进行了客观评价[①]。陈贤波《论吴桂芳与嘉靖末年广东海防》、周孝雷《俞大猷的海防地理思想与海防实践研究》等都从不同角度对涉及广东海防文献、人物与思想进行了深入探讨[②]。

总体而言，现今对历史海防文献的整理和研究状况仍不够突出，更多的是在相关海防史研究中对这部分文献加以分析和利用，但鲜有海防文献研究的专著面世，海防文献研究也是海防史研究的重要内容之一，今后我们应该在这方面多做努力。

第三节　研究方法

在研究方法方面，拟借鉴海防地理学的理论方法，并综合运用历史地理学、区域史、经济史、社会史、考古学、建筑学等诸多相关学科的理论和方法，通过对相关历史文献的整理、分析和重新解读，并结合实地野外调研考察，力求采用多重视角、多学科交叉的综合研究方式，对明代广东海防地理研究这一学术命题进行深入细致的探讨。在具体的研究过程中，时空交织分析法、宏观分析与个案研究结合法、定性与定量分析结合法、图表分析法将得到充分体现。

---

① 吴宏岐、李贤强：《从〈贤博编〉看明代文人叶权的海防思想》，《安徽史学》2016年第2期。

② 陈贤波：《论吴桂芳与嘉靖末年广东海防》，《军事历史研究》2013年第4期；周孝雷：《俞大猷的海防地理思想与海防实践研究》，硕士学位论文，暨南大学，2015年。

第四节　明代海防文献述略

明朝自建立伊始就受到来自倭寇的困扰，根据《明史》统计，洪武年间倭寇入犯便达到44次之多。但明代初期倭患的侵扰并不是特别严重，至嘉靖中后期倭寇裹挟着东南沿海的流民、海盗开始大规模的入侵，严重地威胁着明代的海疆安全，沿海人民更是处在水深火热之中。据全晰纲统计，嘉靖间倭寇入侵达到267次之多。在这期间，上自朝廷大员，下至黎民百姓，都投入到抗倭斗争中。在这一过程中，一些在抗倭一线的将领和爱国文人士大夫，积极地思考战略战术，总结海防经验。于是产生了一大批理论总结和实战经验相结合的海防著述。笔者将不完全统计所得相关明代海防著述罗列如次：

表1—1　　　　　　　　　　　　明代海防文献

年代	撰者	文献名	卷数	版本
嘉靖	不详	《海防疏》	一卷	天一阁本
	郑若曾	《筹海图编》	十三卷	中华书局点校本
	俞大猷	《镇海议稿》	不分卷	正气堂集本
	俞大猷	《镇海议稿余集》	七卷	正气堂集本
	俞大猷	《洗海近事》	二卷	正气堂集本
	俞大猷	《平倭疏》		正气堂集本
	万表	《海寇议》	一卷	玄览堂丛书续集
	茅坤	《海寇议后编》	一卷	玄览堂丛书续集
	不详	《海道经》	一卷	袁氏嘉趣堂本
	李遂	《御倭军事条款》	一卷	御倭史料汇编本
	俞大猷	《平海纪略》	不明	雍正湖广通志本
	俞大猷	《浙海图》	不明	千顷堂书目着录
	俞大猷	《镇闽议稿》	一卷	三余书屋丛书本
	不详	《明御倭行军条例》	一卷	天一阁本
	胡国材	《平倭管见》	不明	文津阁四库本
	万世德	《海防奏议》	四卷	四库存目丛书
	茅坤	《海防事宜》	不分	四库存目丛书

续表

隆庆	不详	《两浙海防考》	二卷	传是楼书目着录
	郑若曾	《江南经略》	八卷	文津阁四库本
	李贤	《备倭考》		筹海图编本
	皇甫汸	《备倭议》		筹海图编本
	张寰	《筹倭末议》		筹海图编本
	郑若曾	《郑开阳杂著》	十一卷	文津阁四库本
	郑若曾	《海防论》	不分卷	台湾"中央研究院"史语所本
	郑若曾	《万里海防图说》	二卷	文津阁四库本
	郑若曾	《海防一览图》	一卷	郑开阳杂著本
万历	刘见嵩	《两浙海防类考》	四卷	天一阁本
	郑若曾	《筹海重编》	十二卷	文津阁四库本
	茅元仪	《武备志》	二百四十卷	故宫珍本丛刊本
	谢杰	《虔台倭纂》	二卷	玄览堂丛书续集
	赵士祯	《倭情屯田议》	一卷	听彝堂本
	范涞	《两浙海防类考续编》	十卷	台湾"中央研究院"史语所本
	徐必达	《乾坤一统海防全图》		明彩绘绢本
	王在晋	《海防纂要》	十三卷附图一卷	续修四库全书本
	王在晋	《御倭条款》	一卷	续修四库全书本
	蔡逢时	《温处海防图略》	二卷	四库全书存目丛书本
	王士骐	《皇明御倭录》	九卷附录两卷	御倭史料汇编本
	张兆元	《海防图议》	一卷	万历刻本
	郭光复	《倭情考略》	一卷	台湾"中央研究院"史语所本
	李汝华	《温处海防图略》	一卷	千顷堂书目
	郑茂	《靖朝纪略》	一卷	胜朝遗事本
	卜大同	《备倭记》	二卷	学海类编本
天启	郑若曾	《海防图论》	一卷	郑开阳杂著本
	万世德	《海防图论补》	一卷	兵垣四编本
	胡宗宪	《海防图论补辑》	一卷	半亩园丛书兵法汇编本
	周弘祖	《海防总论》	一卷	新刻朱批武备全书本

	萧彦	《筹海重编》		重修安徽通志本
	贾允元	《筹海纪略》		传是楼书目著录
	不详	《备倭约法》	一卷	"中央"图书馆景印蓝格抄本
	归有光	《备倭时略》		宛委堂本
	王崇古	《海防议草》		筹海图编本
	唐枢	《海议》	一卷	边疆图籍录
	张泳	《备倭全书》		光绪太仓志本
	徐学聚	《嘉靖东南平倭录》	一卷	中国内乱外祸历史丛书
	夏泉	《平海录》		江西通志本
	王之诚	《海防要略》		山东通志本
	不详	《浙江海防兵粮疏》		天一阁本
	秦忭	《浙东海防图》		千顷堂书目
	周伦	《浙东海边图》		千顷堂书目
崇祯	张遇	《浙西海防稿》		浙江通志本
	卢钟	《浙海图》		千顷堂书目
	黎秀	《浙海图》		千顷堂书目
	郭仁	《两浙海边图》		千顷堂书目
	周大章	《御倭武略》		中国边疆古籍录
	唐枢	《御倭杂录》		皇明经世文编本
	梁文	《定海备倭纪略》		千顷堂书目
	徐一鸣	《东海筹略》		千顷堂书目
	不详	《沿海经略总要》		天一阁本
	李鼎	《海策六篇》		千顷堂书目
	钱薇	《海防略》		四库别集存目著录
	张懋熺	《海防说》		山东通志本
	刘机	《海防考》	一卷	千顷堂书目
	李遂	《明御倭军制》	一卷	御倭史料汇编本
	诸葛元生	《海寇》		中国边疆图籍录

上表所列相关明代海防著述大部分是全国海防的整体资料，其中有很多涉及了广东的海防状况。针对广东的海防文献大都集中在清代，但这

部分文献对明代情况也多有述及，如成书于道光十八年的《广东海防汇览》，这是一部大型的广东地方海防资料汇编，它是由清代广东地方政府组织广泛搜集了大量的地方档案、笔记、文集、大臣奏议、地方史志等材料，由专家甄别，分门别类编纂而成。在这部清代官修的区域性海防专著中，有一部分内容是涉及明代的①。因此，在明代海防研究中我们也不能忽视清代海防文献和舆图。

此外，今人对广东地区的海防文献和舆图资料也进行了整理汇编。如马金科主编《早期香港史研究资料选辑》②，林天、蔡琼编辑点校《明清以来潮汕的海防设施资料》③，中国第一历史档案馆、澳门基金会、暨南大学古籍研究所合编《明清时期澳门问题档案文献汇编》④，中山市档案局与中国第一历史档案局（馆）合编《香山明清档案辑录》⑤，深圳市档案馆《明清两朝深圳档案文献演绎》⑥，爱莲、肖敬荣主编《广州历史地图精粹》⑦，中国第一历史档案馆主编《澳门历史地图精选》⑧，东莞市政协、东莞档案馆主编《东莞历代地图》⑨等。

综上所述，随着近年对广东海防研究的深入，研究趋势从通论性宏观论述向注重区域历史整体变迁的综合研究发展，把明代广东海防问题置于整个华南区域社会经济转型的更大历史脉络中加以考察，使得区域之间的互动研究越来越受重视。涉及政治、经济、文化等面面俱到，枝蔓过多的静态制度描述渐被放弃，截取若干关键性剖面，尝试更为动态的纵深研究倍受青睐。从明代广东海防研究的区域选择上看，大部分研究成果集中

① （清）卢坤、邓廷桢主编，王宏斌点校：《广东海防汇览》，河北人民出版社2009年版。

② 三联书店香港分店1998年版。

③ 潮汕历史文化研究中心2004年版。

④ 人民出版社1999年版。

⑤ 上海古籍出版社2006年版。

⑥ 花城出版社2000年版。

⑦ 中国大百科全书出版社2003年版。

⑧ 华文出版社2000年版。

⑨ 广东人民出版社2012年版。

在对东路和中路的讨论上，而对西路海防的关注则稍显薄弱，在未来的研究中应该加大对西路海防研究的重视。从研究视角上看，以往的相关研究成果主要集中在海防制度、海防与贸易的关系、海防关城与炮台等方面，研究视角比较单一。对历史时期广东的海防形势、海防体系的演变、海防区划与海防重心的变迁、海防指挥体系与兵力部署等相关问题关注不够。从研究视角、研究方法方面而言，多重视角、交叉性的综合研究更有待加强。基于此，本书将围绕以往学界关注较为薄弱的明代广东地区军事地理条件与海防地理形势、倭寇海盗的时空演变特征、海防区划、海防指挥体系、海防重心、巡海与巡洋会哨制度等一系列问题展开论述。

第一章　广东地区军事地理条件与明代海防形势

广东沿海地区的自然与人文地理条件对海疆防御格局有着重要影响，沿海地域的海陆分布格局、季风气候与台风灾害等自然要素，沿海地区政治地理区划、倭寇与海盗侵扰的时空轨迹等人文要素均时刻牵动着海防部署的地缘考量。

第一节　广东沿海海陆分布格局与海岸地貌类型

　　明嘉靖四十五年（1566），时任两广总督吴桂芳在上《请设沿海水寨疏》中称："照得广东一省十府，惟南雄、韶州居枕山谷，其惠、潮、广、肇、高、雷、廉、琼八府地方皆濒临大海，自东徂西相距数千余里。"[1] 以明代广东的行政区划为经，精当地概括了当时广东地区海陆分布格局。

一　海陆分布格局

　　今广东省北背五岭，南临南海，中部为珠江三角洲大平原，为东、西、北三江汇流地点。三角洲东西两翼为河谷和山丘，古人谓之"陆梁地"。沿海则为大片台地分布，今广东海岸线长达3368.1千米[2]。而明代以

　　① （明）吴桂芳：《请设沿海水寨疏》，《明经世文编》卷342《吴司马奏议》，中华书局1962年版，第3671页。
　　② 曾昭璇、黄伟峰主编：《广东自然地理》，广东人民出版社2001年版，第4页。

广东为主的环南海地区包括了今香港、澳门、海南岛、广西北海、钦州防城港等地，其海岸线长约6500千米[①]。以下将明代沿广东沿海各府分为粤东、粤中、粤西三部，分而述之[②]。

（一）粤东地区

粤东地区主要为潮州、惠州二府，该区可分为内陆平行岭谷区和沿海平原丘陵区两部分。其中粤东平行岭谷位于九连山之南，直至粤东的莲花山——阴那山山地及其以北地区。在地质时期，这一代发生过强烈的断裂活动，因此形成上升的地垒状山和下沉的断陷谷地和盆地。山岭和谷地各三列，排列平行，作北东至南西走向，分别为：龙门灯塔谷地；罗浮山、项山、甑山山地；东江谷地；紫金、蕉岭山地；西枝江、梅江谷地；莲花山、阴那山山地。而且这一带火山喷出岩地貌广泛，高度大，多为中山和低山。粤东沿海平原、丘陵位于粤东平行岭谷区以南，南临南海，东迄粤闽边界，西至珠江口，平原比例占本区面积的百分之四十左右，除冲积平原外还有海成平原和三角洲，主要是韩江三角洲、黄冈河平原、榕江平原、练江平原、龙江平原、螺河平原、赤岸河平原。地势北高南低，河流独流入海。这一地区山地港湾较多，海岸线长而曲折，多港湾、半岛、岛屿。

（二）粤中地区

粤中地区主要指广州府，该区囊括了我们今天所说的"珠江三角洲"之大部分。该区位于广东中部偏南，南临南海，北接骑田岭以东，平原为本区的地貌主体，也是全省平原面积最大的区域，由今天的中山至清远为

---

① 本书所称"广东"若非注明皆指明代广东地区，非今日广东省。明代广东的海岸包括了今天海南岛，广西北海、钦州、防城港一带海岸，据伍家平《广西海岸带国土资源及其开发战略》（见《资源科学》1998年第2期）一文，广西有海岸线1595千米，另据王颖《海南岛海岸环境特征》（见《海洋地质动态》2002年3月）海南岛环岛海岸线长1528.4千米，如此则明代广东海岸线总长达6491.5千米。

② 本项内容的写作参考曾昭璇、黄伟峰主编《广东自然地理》，广东人民出版社2001年版，第16—22页；中国自然地理编写组《中国自然地理》，高等教育出版社1984年版，第268—274页；李孝聪《中国区域历史地理》，北京大学出版社2004年版，第352—362页；李见贤《广东省的地貌类型》，《中山大学学报》1961年第4期；黄耀丽、储茂东《广东地质构造特征及其与地貌发育的关系》，《云南地理环境研究》1995年第2期。

轴，中部为平原，及珠江三角洲平原和北江下游平原，外围为地势较高的台地丘陵。如东部从化、增城丘陵，东莞台地与丘陵；西部有四会、高要、高鹤、恩平及台山低山丘陵；南部有中山、珠海、斗门低山丘陵。区外四周为更高的山地，沿海海岸线曲折，岛屿众多，溺谷湾深入内陆。

（三）粤西地区

我们这里所指称的粤西地区除了位于今天广东省境内的肇庆、高州、雷州三府外，还囊括了位于海南岛的琼州府，广西境内的廉州府。本区位于粤北山地以南，珠江三角洲及其边缘丘陵以西，十万大山以东，南包括海南岛的广大地区。其地貌类型可分为粤西山地丘陵和粤西沿海平原台地，以及海南岛台地、山地三大部分。粤西山地南北高、中间低。隆起轴有二：一为西江北岸的莲都、五和、池田一线；另一在西江南岸的信宜、天堂至鹤山一线。轴线所经多为中山。两轴之间和它南北侧为低地，并由此造成三大水系，即中部的西江水系、北部的绥江水系和南部的沿海独流入海水系。岭谷排列主要呈北东向，受东北向褶皱或断裂带控制，形成了与之平行的山地、谷地，前者有云开大山、云雾大山、天露山、党山、七星岩顶、象牙山、贞山等，后者有鉴江、罗定江、新兴江、漠阳江、贺江等。西部隆起的十万大山，将廉州府与广西思明府分开。粤西地区沿海地势低平，台地面积较大，台地主要分布在阳江、电白、吴川、化州、廉江雷州半岛中部、南部沿海等地。其次，该地区由于群山束迫，距海岸较近，河流均较为短促，在河流入海处常形成三角洲，如漠阳江三角洲。本区海岸线较长，海岸类型多样，岛屿和海滩面积大，雷州半岛西部的北部湾地区战略地位十分重要。

海南岛位于广东大陆的西南端，北隔琼州海峡与雷州半岛遥遥相望，地貌呈圈状结构，地形上中部偏南最高，以山地为主，外围是丘陵，再外为台地，沿海为平原。山地和丘陵是海南岛地貌的核心，占全岛面积的近百分之四十，山地中散布着丘陵性的盆地。丘陵主要分布在岛内陆和西北、西南部等地区。在山地丘陵周围，广泛分布着宽窄不一的台地和阶地，占全岛总面积的百分之五十左右。环岛多为滨海平原，占全岛总面积的百分之十一。由于地形的缘故，全岛的河流均呈放射状，由中部山地向四周散开。

二　海岸地貌类型

明代广东海岸，东起于饶平县大埕湾，西至于今广西东兴市竹山港，东西跨约十一个经度，包括海南岛，则岸段长达约6500千米，海岸线曲折多变，深水湾与浅水湾并存，由于岸段地貌形成条件存在差别，海岸地貌类型及地貌特征明显不同。明代广东海岸可分为沙坝—泻湖海岸、溺谷港湾海岸、河口三角洲海岸和台地侵蚀海岸四个主要类型。各海岸分布与地貌特征如下：

（一）沙坝—潟湖海岸

这类海岸是广东最主要的海岸类型，属堆积海岸性质。主要分布于惠东县至汕头市之间的粤东海岸和吴川县至阳江县东的粤西海岸，以及广西钦州湾、龙门港一带，海南岛东部海岸亦属此类。沙坝—潟湖海岸有许多浅水港湾，如粤东的平海、后门、汕尾、乌坎、碣石、甲子、神泉、靖海、海门，粤西的东平、三丫等，这种海岸地貌的特征为：一是海岸大多居于锯齿形海湾内，即海湾两端有由山地、台地构成的基岩岬角；二是潮汐通道口内外的涨落潮三角洲堆积体的发育使这种港湾湾口水较浅，不利于大型船舶的入港；三是不同岸段的地貌特征不同，弧形湾顶为相对侵蚀岸段，后滨出现侵蚀陡坎，海滩刨面极为平缓且呈向上凸形，海滩及前滨有水下坝、新月形坝和滩等地貌。切线岸段为相对堆积岸段，因波浪垂直射入的作用，海滩泥沙主要作横向搬运，激浪上冲搬运泥沙在海滩上部堆积形成披覆式滩肩地貌，故海滩刨面一般较陡[①]。

（二）溺谷港湾海岸地貌

广东溺谷港湾海岸地貌主要分布在两个区域：一是雷州半岛东、西两侧最顶端海岸，即东侧的湛江港和西侧的英罗湾；二是粤中台山县至惠东

---

① 曾昭璇、黄伟峰主编：《广东自然地理》，广东人民出版社2001年版，第49—50页。

县的海岸。前者为广东省潮差最大的地区，但粤中海岸为弱潮区，其潮汐与波浪的动力与邻近的粤东、粤西海岸无大区别，何以珠江口及其东西两翼的大鹏湾、大亚湾、镇海湾和包括香港在内的众多海岛的河口湾或海湾湾口均无大型沙坝堆积体发育，这与低海面位置时期的古珠江三角洲地势平、岸坡缓，以及沉积物泥质者较丰或粗泥沙相对较多有关。此外，还有海南岛的琼南、琼东南山地也属于此类海岸[①]。

（三）河口三角洲海岸地貌

现代河口三角洲是冰后期海侵结束后，由河流提供泥沙在河流入海处堆积形成的沉积型地貌。广东河口三角洲地貌发展最快的为珠江三角洲和韩江三角洲，广西主要有北仑河口三角洲和钦江三角洲[②]；另外，广东沿海许多独流入海的小河流如鉴江、漠阳江、龙江、练江等的河口滨岸地带均有拦横河口的沙坝发育[③]。

（四）台地侵蚀海岸地貌

雷州半岛属于台地侵蚀海岸地貌，该海岸地貌的基本特征是：背负之高起的、广阔的由火山岩或黏土、沙砾层组成的台地，临海形成陡崖，崖下有宽窄不等的沙滩沿海分布。但雷州半岛的东、西两岸海洋动力环境不同，南、北区域物质供给存在差异，南岸更是直临水深大于100米的琼州海峡[④]。

三　海陆分布格局下的广东地缘军事形势

特殊的自然动力塑造了以广东为核心的环南海地区这种"三面皆濒海"[⑤]，背山面海的地理格局。粤东、粤西的平行岭谷、粤北巍峨的岭南

---

① 曾昭璇、黄伟峰主编：《广东自然地理》，广东人民出版社2001年版，第50—51页。
② 邓朝亮、刘敬和、黎广钊、梁文：《钦州湾海岸地貌类型及其开发利用条件》，《广西科学院学报》2004年第3期。
③ 赵焕庭：《崖门至漠阳江间港湾式海岸地貌》，《海洋与湖沼》1980年第2期。
④ 曾昭璇、黄伟峰主编：《广东自然地理》，广东人民出版社2001年版，第62页。
⑤ （明）顾炎武：《天下郡国利病书》第17册《广东上》，《四部丛刊三编·史部》，上海书店1985年版，第17页。

山地，成为粤、闽、桂、湘之间的天然界线。同时，群山之间的河谷与岭谷地带则成为环海地带与内陆交通的必然通道。南面滨海，港湾众多，也使得两广成为历史时期海上丝绸之路的重要据点，海外贸易的窗口之一。然而，岭海之民，强梁而轻剽，颇具冒险意识，在明代，由于政府的海禁政策使然，广东成为令朝廷头疼的难治之地。明人章潢《图书编》称："广东，古百粤地，盖五岭之外号为乐土，由雄、连可以向荆吴，由惠、潮可以制闽越，由高、廉可以控交桂，而形胜亦寓焉。滨海一带，岛夷之国，虽时时出没，要其志，在贸易非盗边也。然诸郡之民，恃山海之利，四体不勤，惟务剽掠，有力则私通番舶，无事则挺身为盗，将鼓之警弥山谷。"[①]顾祖禹谈到广东形势时说："广东在南服最为完固，地皆沃衍，耕耨以时，鱼盐之饶，市舶之利，资用易足也。诚于无事时修完险阻，积谷训兵，有事则越横浦以徇豫章，出湟溪以问南郡，东略七闽，通扬越之舟车；西极两江，用僮、徭弓矢，且也放乎南海风帆，顷刻击楫江津，扬舲淮渚，无不可为也。岂坐老于重山巨浸间哉？或曰广东以守则有余，以攻则不足也。……近时岛倭为患，往往由浙、闽海道阑入岭南，故岭南之海防颇密。夫吾以全军下桂阳，略长沙，则当以奇兵出海道，越闽、浙，问江、淮矣。或又曰下桂阳，何如出南康？夫以南康较桂阳更为艰阻，出豫章而沂江、沱，何如越长沙而震汉、沔？相时而动，固有以矣。若夫假道桂州，浮湘而下，又蹄岭之西道也。或后或先，用奇用正，时哉时哉，又可得而陡度之哉？"[②]顾祖禹从广东所处的地理位置出发，全面而精辟地论述了濒临南海的广东军事地缘格局。然而所谓"守则有余、攻则不足"是从外部，针对五岭以北的敌对势力而言。若是盗起于内或盗从海上来，发于山海之间，那么这种局面恐怕全然不同了，明代猖獗于广东地区的倭寇、葡萄牙人，以及本土的海盗所造成的境况是为明证。

---

① （明）章潢：《图书编》卷41《广东图叙》，《文津阁四库全书·史部》第322册，商务印书馆2005年版，第304页。

② （清）顾祖禹：《读史方舆纪要》卷100《广东一》，中华书局2005年版，第4577页。

第二节　季风气候与台风灾害

明代广东地区位于亚欧大陆的东南边缘，地跨热带、亚热带，东部、南部为浩瀚的南海，濒临广阔的太平洋。居著名的东亚季风区，季风气候显著，具有十分丰富的光、热、水资源。本地区处于东、西风交替影响的地区，温带、热带各种天气系统频繁活动。

一　濒海地域的季风气候与热带气旋

广东地区主要气候特征是，冬无严寒，夏无酷暑，终年温暖，雨量充沛。南部地处热带，长夏无冬。两广有两个多雨期，4—6月为前汛期，由东南季风和西南季风挺进广东带来的降水；7—9月为后汛期，在台风等低纬度热带天气系统的影响下，形成第二个多雨季节。本区既是我国气候资源优越的地区，也是气象灾害频繁而严重的地区之一，尤其以台风和旱涝最为突出。这是大气环流和季风强弱影响的结果。

今日广东地处低纬度，又面向海洋，既有冬季冷空气南下造成的灾害，又有夏季台风等来自海洋上的灾害，相较而言，台风等海洋灾害对广东影响更为严重。台风即是发生在热带洋面上的激烈旋涡，又称之为热带气旋。侵袭广东的热带气旋来自西北太平洋和南海海域，影响和登陆我国的热带气旋以广东最多，时间最长，为害最大。台风灾害主要是由大风、暴雨和海潮造成，登陆广东的台风一般都会带来大风和暴雨，有时还会形成风暴潮，尤其在天文高潮时，每当台风登陆常出现狂风、暴雨和大海潮，其特点是发生频率高、突发性强、影响范围广和成灾强度大。现代人据1949—1988年的资料统计，这期间共发生热带气旋近400个，其中52%来自西北太平洋，48%生成于南海，而南海生成的热带气旋平均每年发生5个，其中台风占28%，以8、9月居多[①]。这只是现代的情况，那么我们将

① 潘安定、唐晓春、刘会平：《广东沿海台风灾害链现象与防治途径的设想》，《广州大学学报》（自然科学版）2002年第3期。

要讨论的明代是否也同现代一样呢。

二　明代广东洋面上的台风及其灾害

台风在中国古代被称为飓风，关于飓风的记载，最早见于南朝沈怀远《南越志》："飓者，具四方之风也。一曰惧风，言怖惧也。常以六七月兴，未至时，三日鸡犬为之不鸣，大者或至七日，小者一二日，外国以为黑风。"①宋人史浩《尚书讲义》称："东南滨海也，于卦为巽风之所聚，多飓风焉，是无作，作则大木斯拔。"②可见古人对台风便有着深刻的认识。关于明代以广东为核心环南海地区洋面上台风的发生状况，笔者藉以黄燕华所编的《明清广东台风灾害年表》③分析认为明代广东台风有如下特点：

首先，发生频率高，明代从洪武元年（1368）至崇祯末年（1644）共276年，据统计这期间广东发生台风160次，平均每年发生0.58次。需要说明的是，鉴于台风灾害的特殊性，即台风灾害影响范围较广，台风不可能只发生在一地，而且出现一岁数作的情况。其次，发生季节较为集中，据黄燕华统计，明清时期有明确月份记载的发生次数共609次，其中六月140次，七月116次，八月175次，占总数的54％，也就是明清两代广东台风主要集中在这三个月。此外，台风的影响范围较广，基本广东沿海地区皆受台风影响。

台风灾害的影响十分重大，就史料所及，明代台风对广东影响有如下几点，首先是对人民生命财产的威胁：明代的台风灾害一次就能伤毙男女数百、数千，甚至数万。如嘉靖三十一年（1552），遂溪"飓风大作，咸潮泛涨，南北二洋居民漂没千余家，淹死数千人"④。万历四十六年

---

① 《太平御览》卷9《天部九》，《四部丛刊三编·子部》，上海书店1985年版。

② （宋）史浩：《尚书讲义》卷5《夏书》，《丛书集成初编·经部》第四册，上海书店1994年版，第536页。

③ 黄燕华：《明清时期广东台风灾害年表》，见《明清时期广东台风灾害研究》，硕士学位论文，华南农业大学，2007年。

④ 道光《遂溪县志》卷2《户役志》，岭南美术出版社2009年版，第47页。

（1618）八月，潮州府"火雷、海飓交作，淹死男妇一万二千五百三十名口"①。这充分说明台风灾害对广东人民生命造成的危害相当触目惊心。另外，台风对财产的破坏也相当严重，史志中有大量关于"伤毙人畜""毁房屋、城墙、署庙""坏舟楫、决提岸"等的记载。其次是对粮食作物的损坏，永乐九年（1411）九月，雷州府诸县"飓风暴雨，淹遂溪、海康，坏田禾八百余顷"②。宣德九年（1434），雷州府"飓风大作，秋田被涌潮淹没，禾稼无收"③。弘治五年（1492），"南海大风飓，水失潮，基围振溃，禾稼荡失"④。通过以上史料可见，台风灾害对粮食作物生产的破坏主要有"飓风害稼""大雨损稼""大水淹稼""咸潮伤稼"，即吹、湿、浸、卤4种。同时对农作物危害的面积也非常大，动辄"万顷"。尤需关注的是，台风还可能带来严重的社会问题，台风侵袭，往往会伴随着大量的难民、饥民出现，由此也潜伏着社会不安定因素。灾民为饥饿所迫，就极有可能越轨犯禁，或为盗匪，或揭竿而起。台风过后，灾民家园尽毁，食不果腹，为此铤而走险便成自然。如万历四十五（1617）年八月吴川、石城"飓风大作，禾稼尽毁……居民抢劫财物，既而追赃论罪，上下五十余里逃逸殆尽"⑤。这就使得本已动荡不安的社会雪上加霜。当然除了灾民因生存而被迫铤而走险外，还有一些沿海盗贼乘机作乱。当然，台风灾害对沿海地区的生态环境也产生了重大影响，主要表现为三个方面：第一，毁坏林木，台风登陆时往往对林木造成极大损坏。如万历四十四年（1616）七月，琼州"飓风，会同、乐会尤甚，拔树殆尽"⑥。崇祯九年（1636）六月，廉州府"飓风大作，风声所过，势如雷吼，大树拔者不计其数"⑦。第二，引发洪水。台风登陆往往带来暴雨，引起洪涝等次生灾害。

① 《明神宗实录》卷583，万历四十七年六月壬子。
② 《明史》卷28《五行一》，中华书局1974年版，第446页。
③ 《明英宗实录》卷3，宣德十年三月癸酉。
④ 万历《南海县志》卷3《纪事》，岭南美术出版社2009年版，第123页。
⑤ 乾隆《高州府志》卷5《纪事》，岭南美术出版社2009年版，第463页。
⑥ 道光《琼州府志》卷42《杂志一》，岭南美术出版社2009年版，第982页。
⑦ 崇祯《廉州府志》卷1《图经志》，岭南美术出版社2009年版，第25页。

如万历四十六年（1618）八月普宁"飓风大雨，水腾涌之上高寻丈，涨溢城门，水色赤，五日乃退"。①第三，引起海水倒灌。台风登陆时极有可能引起海水倒灌，形成内涝。如正德十年（1515）七月，潮州府"飓风大作，海潮滔天，凡沿海之田厄于咸水，越年不种"②。台风暴潮引起的海水倒灌，极有可能形成内涝，导致土地盐碱化、盐渍化等问题。

综上，频繁的台风灾害不仅给广大人民带来不同程度的危害，也造成社会秩序的动荡不安。此外，在明代台风还影响着倭寇、海盗入侵的时空特点，亦牵动着沿海海防军事部署。

第三节　明代广东沿海地区的行政区划

明朝建立后，对全国的地方行政建置进行了较大的调整，废元代的行中书省，改承宣布政使司（习惯上仍称省），承宣布政使司下设府（直隶州）——县（散州）二级。因此明代的地方行政区划基本为省——府（直隶州）——县（散州）三级制。

以广东沿海地区"明洪武二年（1369）四月改广东道为广东等处行中书省。六月以海南海北道所领并属焉。……九年六月改行中书省为承宣布政使司。领府十，直隶州一，属州七，县七十五"③。据《广东政区演变》一书的考证，明崇祯末年的广东地区共辖有十府，一直隶州，八属州，七十七县。④终明一代，广东布政使司所辖府级政区稳定为十府一直隶州，没有出现增废情况。但县级政区的增设、省罢、析置，改隶等变动较多。由于县级政区的变化，从而导致了府级政区的幅员范围也不断发生变动。现将明代广东布政使司所辖府（直隶州）、县（散州）的演变情况

① 乾隆《普宁县志》卷8《风土志》，岭南美术出版社2009年版，第287页
② 嘉靖《潮州府志》卷8《杂志》，岭南美术出版社2009年版，第126页。
③ 《明史》卷45《地理六》，中华书局1974年版，第1133页。
④ 潘理性、曹洪斌等：《广东政区演变》，广东地图出版社1991年版，第34页。

略述如次。①

广州府，洪武元年（1368）为府，辖南海、番禺、顺德、东莞、宝安、三水、增城、龙门、香山、新会、新宁、从化、清远、连州、阳山、连山，共一州十五县。其中，顺德县为景泰三年（1452）以南海县大良堡置，析新会县地益之；新安县为万历元年（1573）在原东莞守御千户所地置；三水县为嘉靖五年（1526）五月以南海县龙凤冈地置，析肇庆府高要县地益之②；龙门县为弘治八年（1495）于番禺、增城二县之交置③；新宁县为弘治十一年八月析新会县德行都之上坑埌置，并析新会县之文章等五都益之；从化县为弘治二年以番禺县潭横村置，割番禺县之狮子岭、南海县之慕德里二巡检司并入，并徙增城县之一部属之；连州，洪武二年夏四月，罢连州，以所辖阳山、连山二县隶韶州府，三年，连山并入阳山，十三年复立连山，十四年复置连州隶广州府，阳山、连山二县隶焉。

肇庆府，洪武元年为府，领高要、高明、四会、新兴、开平、阳春、阳江、恩平、广宁、德庆州、封川、开建，共一州十一县。高明县本为高要县高明巡检司，成化十一年（1475）十二月改为县，析高要县清泰等都属之；新兴县在元代属新州，阳江、阳春元代属南恩州，洪武二年四月，三县俱割属肇庆府；恩平县本阳江县之恩平巡检司，成化十四年六月改为县，析新会、新兴二县地益之；广宁县，嘉靖三十八年十月以四会县地置；开平县本恩平县之开平屯，明末改为县，析新兴、新会二县地之一部隶之；德庆州，洪武初为府，洪武九年三月改德庆府为德庆州，革所属端溪县隶肇庆府④。

---

① 下文所述资料来源为：明代《实录》资料、万历《明会典》《大大明一统志》及《明史·地理志》。

② 关于三水县的析置时间《大大明一统志》卷79作"隆庆中"，《地理志》及《明世宗实录》皆为"嘉靖五年"置，今从嘉靖五年说。另，"高安"当为"高要"之误。

③ 《明史·地理志》为弘治六年置，《明孝宗实录》卷104，弘治八年九月辛丑条有："开设龙门县于番禺增城二县之交"一语，今本实录。

④ 《明史·地理志》云："以府治端溪县省入，来属。"《明太祖实录》卷105，洪武九年三月壬辰条载"革所属端溪县隶肇庆府"，今从《实录》。

韶州府，洪武元年置。领曲江、乐昌、英德、仁化、乳源、翁源六县。

南雄府，洪武元年为府，领保昌、始兴二县。

惠州府，洪武元年为府，领博罗、归善、长宁、永安、海丰、龙川、长乐、兴宁、连平州、河源、和平，共一州十县。长宁县、永安县为隆庆三年（1570）正月"以广东惠州府河源县、归善县地广多盗，增建长宁县于鸿雁洲，永安县于安民镇"①。其中，析韶州府英德、翁源二县地之一部入长宁县，长乐县之一部入永安县；连平州为崇祯六年（1633）析和平惠化都及长宁、河源、翁源县之一部分置；河源县旧属府，崇祯六年改属连平州；和平县为正德十三年（1518）八月割龙川、河源二县地之一部分置，崇祯六年改属连平州。

潮州府，洪武二年（1369）为府，领海阳、潮阳、揭阳、程乡、饶平、惠来、镇平、大埔、平远、普宁、澄海，共十一县。饶平为成化十二年（1476）十月析广东海阳县地置，原海阳县之三河、黄冈二巡检司，三河、黄冈二驿，三河递运所，大城仓河泊所在其地者俱以隶之②；惠来县为嘉靖三年（1524）十月割潮阳、海丰二县地置；镇平县，崇祯六年以平远县石窟巡检司地置，割程乡县地益之；大埔县，嘉靖五年以饶平县大埔村置；平远县为嘉靖四十一年以程乡县豪居都之林子营置，析福建之武平、上杭，江西之安远，惠州府之兴宁四县地益之；普宁县，嘉靖四十二年正月以潮阳县洿水都置，析洋乌、黄坑二都地益之，万历十年（1582）移治黄坑，以洋乌、洿水二都还潮阳县；澄海县，嘉靖四十二年以海阳县之辟望巡检司改，析揭阳、饶平二县之一部属之。

高州府，洪武元年为府，七年十一月降为州，九年四月复为府。领茂名、电白、信宜、化州、吴川、石城，共一州五县。茂名县于洪武七年十一月革，十四年五月复置；化州，洪武元年为府，七年降为州，九年三

---

① 《明穆宗实录》卷28，隆庆三年正月辛未。
② 有说成化十三年置，见《广东行政区划演变》。

月又降为县①，十四年五月又升为州；吴川县，洪武九年三月属高州府，十四年五月改属化州；石城县改隶情况同吴川县。

雷州府，洪武元年为府，领海康、徐闻、遂溪，共三县。

廉州府，洪武元年为府，七年十一月降为州，九年四月属雷州府，十四年五月复为府。领合浦、钦州、灵山，共一州二县。合浦县于洪武七年十一月省，十四年复置；钦州，洪武二年为府，七年十一月降为州，九年四月降为县，十四年五月复为州；灵山县洪武九年四月属廉州，十四年五月复属钦州。

琼州府，领琼山、澄迈、临高、安定、文昌、会同、乐会、儋州、昌化、万州、陵水、崖州、感恩，共三州十县。儋州，原治宜伦县，正统六年（1441）宜伦县省；万州，原治万安县，正统四年六月省万安县；感恩县，原属儋州，正统五年来属。

罗定州（直隶），洪武元年属德庆州，万历五年升为罗定州，直隶布政司。领东安、西宁二县。东安县，万历五年十一月以泷水县东山黄姜峒置，析德庆州及高要、新兴县之一部来属；西宁县，万历五年十一月以泷水县西山大峒置，析德庆州及封川县益之。

兹将明代广东沿海地方政治区划情况列表如下：

表1—1　　　　　　明代广东沿海行政区划简表

府／直隶州	县／散州名	县／散州数
广州府	番禺、南海、顺德、东莞、宝安、三水、增城、龙门、清远、香山、新会、新宁、从化、连州、连山、阳山	1州15县
肇庆府	高要、高明、四会、新兴、开平、阳春、阳江、恩平、广宁、德庆州、封川、开建	1州11县
韶州府	曲江、乐昌、英德、仁化、乳源、翁源	6县
南雄府	保昌、始兴	2县

---

① 《明史·地理志》作"九年四月"；《明太祖实录》卷105，化州降县在洪武九年三月壬辰。

续表

惠州府	归善、博罗、长宁、永安、海丰、龙川、长乐、兴宁、连平州、河源、和平	1州10县
潮州府	海阳、潮阳、揭阳、程乡、饶平、惠来、镇平、大埔、平远、普宁、澄海	11县
高州府	茂名、电白、信宜、化州、吴川、石城	1州5县
雷州府	海康、徐闻、遂溪	3县
廉州府	合浦、钦州、灵山	1州2县
琼州府	琼山、澄迈、临高、定安、文昌、会同、乐会、儋州、昌化、万州、陵水、崖州、感恩	3州10县
罗定直隶州	东安、安宁	2县

资料来源：明代《实录》资料、万历《明会典》《大大明一统志》及《明史·地理志》。

第四节 明以前广东地区的海防建设概述

长期以来，我们囿于中华文明是古老的农耕经济条件下的产物这一偏颇的认知，认为中国古代"有海无防"。关于中国海防起于何时，学界有不同的看法[①]。笔者翻检史籍，发现正如杨金森、范忠义等先生所论，中国海防自春秋战国便已有之。然其时之海防并非为针对外敌入侵，而是诸国争霸战争中诸侯国之间的海上防御而已。一些位于沿海地区的诸侯国，为了保卫自己的领地，也为争霸，皆设置水军。如吴国有"大翼""小翼""楼船""蒿船"等战舰。越国则有"戈船""楼船""大翼""中翼"等战船。周敬王三十五年（前485），吴国派徐承率舟师从海上攻打齐国，"齐鲍氏弑齐悼公，吴王闻之，哭于军门外三日，乃从海上攻齐，齐

---

① 范忠义、杨金森认为先秦时便有了海防，见氏著《中国海防史》（海洋出版社2005年版）；毛振发认为中国海防起于唐代，见氏著《边防论》（军事科学出版社1996年版）；卢建一、王青松等则持宋代海防说（卢建一：《闽台海防研究》，方志出版社2003年版；王青松：《南宋海防初探》，《中国边疆史地研究》2004年第3期）。清人蔡方炳在其《海防篇》中则说"海之有防，历代不见于典册，有之，自明代始，而海之严于防自明嘉靖始"。

人败吴，吴王乃引兵归"①。由此可见，乃时齐、吴两国已有了海上攻防。范忠义、杨金森《中国海防史》将此次战役视为"中国古代海防建立的标志"②。

一 秦汉时期广东海防建设

若如上所论，广东地区的海防建设当始于秦汉时期，秦始皇统一全国后，向南扩张，攻取南越陆梁地，于公元前214年设置南海、桂林、象郡，所管辖的海疆应包括今广东、广西和越南中北部地区。汉武帝平定南越后，在今广东、广西、越南中北部一带设置南海、朱崖、儋耳、苍梧、郁林、合浦、交趾、九真、日南九郡，其中，元封元年（前110），楼船将军杨仆率领水军向海南岛进发时，从合浦郡的徐闻港出发，入海后得大州，这个大州就是海南岛，汉军占领此地便设置二郡。自此，广东、广西、海南岛沿海地区尽纳入汉帝国版图之内。

东汉时期，越南中北部为汉朝设置的交趾、九真郡。1世纪前后，当地的征侧、征贰姐妹举兵反抗，建武十七年（41）冬，伏波将军马援在扶乐侯刘隆、楼船将军段志的配合下，远征交趾。大军沿海岸线向南进发，第二年在浪泊开战，大败征侧、征贰军队，然后率大小船只2000余艘，士兵2万余人进军交趾，消灭余党。这是历史上有记载以来在广东地区的第一次大规模的军事活动。

当然，秦汉时期对沿海地区近岸海洋区域的拓展，除了在南方地区加强管理和开发考虑，还有促进对外贸易的深刻动机。《汉书·地理志》记载岭南对外航海贸易时说："自日南障塞、徐闻、合浦船行可五月，有都元国。"③说明当时日南、徐闻、合浦是海上丝绸之路的始发港。由于海外贸易的繁荣也使得番禺成为当时岭南最为重要的商品集散地。《汉书·地

---

① 《史记》卷31《吴太伯世家》，中华书局1959年版，第1473页。
② 范忠义、杨金森：《中国海防史》（上），海洋出版社2005年版，第2页。
③ 《汉书》卷28下《地理志》，中华书局1962年版，第1671页。

理志》载："处近海，多犀、象、毒瑁、珠玑、银、铜、果、布之凑，中国往商贾者多取富焉，番禺，其一都会也。"[①]海上贸易的繁荣必然诱发海盗侵扰，《汉书·地理志》记载汉朝船队在海上丝绸之路的航行中遇到海盗"利交易、剽杀人"，掠夺货物，劫杀船员的情形，说明了海盗活动的猖獗。

在广东的考古发掘中，发现了众多的船只模型，如众多的陶、木船只模型集中出现在广州汉墓中，无疑是岭南地区造船与航运交通发达、商业贸易繁荣的反映[②]，同时也暗含了秦汉国家对广东海防的关注。

二 三国魏晋南北朝时期广东地区的海防

三国时期，今广东、广西、海南岛大部分地区归东吴政权管辖。孙吴有一支较强的海上力量，它不仅起着巩固其政权的作用，同时也在孙吴政治地理的扩张中发挥着不可代替的作用。正始三年（242），孙权派将军聂文率兵三万击儋耳、朱崖，说明吴国海上力量十分强大。永安五年（262）"使察战到交阯调孔爵、大猪"，永安六年"交阯郡吏吕兴等反，杀太守孙谞，谞先是科郡上手工千余人送建业，而察战至，恐复见取，故兴等因此扇动兵民，招诱诸夷也"[③]。在对地方叛乱的镇压中，孙吴的海上力量起了不可忽视的作用。

东晋南朝，交州地区政局动荡，朝廷控制力薄弱，此时在海外贸易中的往返海舶船身较大，不必像汉代那样近岸行驶，因而多取道海南岛东岸到达广州，代替了以前的北部湾航线[④]。与政治控制力相反的是，这一时期广东沿海海外贸易异常繁荣，《太平御览》引《岭南异物志》描述了从海外前往岭南贸易商舶的雄壮情形："外域人名船曰舡，大者长二十余丈，

---

① 《汉书》卷28下《地理志》，中华书局1962年版，第1670页。

② 广州市文管会编：《广州汉墓》，文物出版社1982年版，第475页。

③ 《三国志·吴志》卷48《三嗣主传第三》，中华书局1982年版，第1161页。

④ 蒋祖缘、方志钦：《广东简明史》，广东人民出版社1987年版，第82页。

高去水二三丈，望之如阁道，载六七百人，物出万斛。"①《梁书·诸夷传》载："南海诸国，大抵在交州南及西南大海洲上，相去近三五千里，远者二三万里，其西与西域诸国接……自梁革运，其奉正朔，修贡职，航海岁至，踰前代矣。"②可见其时海上贸易极度繁荣。

贸易的繁荣与管理薄弱形成的反差，随即引起了局势的动荡，也带来了海上安全的隐忧，针对海船的抢劫活动在交州沿海多有发生。《梁书·南海诸国传》记载扶南国建立的故事，提到巫者混填为寻找神器"乘贾人舶入海"，归途中"人众见舶至，欲取之"③。《南齐书·东南夷传》记载南朝刘宋时扶南国来中国贸易的船只在归途中"遭风至林邑，掠其财物皆尽"。这一带海商的船只皆"常为林邑所侵击"④。

为了维护海外贸易的稳定，南朝派往广州的大臣也曾展开过对付海盗的活动。《南史·萧劢传》记载萧劢担任广州刺史期间，针对频繁的海盗活动派兵予以打击和剿灭，保证了海道的安宁，同时将对付"海暴"过程中得到的财物和俘虏的海盗上缴中央。

总之，三国魏晋南北朝时期，政府一方面通过行政区划调整加强对广东地区的管理，另一方面加大对海盗的打击力度，为海外贸易提供了安全保证，同时客观上也推动了海防力量的建设。

三 唐五代时期广东地区的海防

为保障广东沿海地区，特别是广州港的对外贸易，维护沿海地区的统治秩序，唐代在广东逐步建立起海防体系。

《新唐书》载："广州中都督府。……有经略军，屯门镇兵。"⑤王溥《唐会要》则详细记载了屯门镇设立的时间、地点、驻军以及海防目的。

---

① （宋）李昉：《太平御览》卷769《舟部二·叙舟中》，中华书局1960年版，第3412页。
② 《梁书》卷54《诸夷传》，中华书局1973年版，第783页。
③ 《梁书》卷54《海南诸国传》，中华书局1973年版，第788页。
④ 《南齐书》卷58《东南夷传》，中华书局1972年版，第1017页。
⑤ 《新唐书》卷43《地理志七上》，中华书局1975年版，第1095页。

"开元二十四年正月，广州宝安县新置屯门镇，领兵二千人以防海口。"①屯门镇的设置与广州市舶司的设立有着千丝万缕的联系，首先从其设立与市舶司设立时间较为相近可以看出，屯门镇"以防海口"其实是为保护广州市舶贸易；其次，屯门即为今天的香港屯门，扼守着通往广州的海道，商船出发或抵达之前都要在屯门稍作停留，设置屯门镇，负责对进出珠江口的船只进行检查，保护商旅安全。清初著名地理学家顾祖禹《读史方舆纪要》记载屯门镇的设置情况时说："杯渡山，在（东莞）县东南百二十里，下滨海，旧名屯门山，上有滴水岩及虎跑井。纪事云：'东莞南头城，古之屯门镇……唐置屯门镇兵以防海寇，天宝二载，海贼吴令光作乱，南海郡守刘巨麟以屯门镇兵讨平之，宋亦置营垒于此。'"②屯门镇便是唐代广州海防的第一道防线。从《新唐书》记载来看，唐代还在广州海岸设有第二道防线："南海上有南海祠，山峻水深……有赤岸、紫石二戍，有灵洲山在郁水中。"③引文中南海祠指的是广州外港的扶胥镇，也就是今天的黄埔口岸，作为外港必定会有大量的贸易船舶停靠于此，在这一带设置赤岸、紫石二戍其实是为保护来往商旅免受海盗侵扰，同时也为了加强对广州市舶贸易管理的需要。屯门镇位于珠江口东侧，而上述赤岸、紫石镇戍，据《元和郡县志》载："牛鼻镇在县西北五十里，赤岸戍在县东百里，紫石戍在县东七十里。"④文献中的县指的是广州府的附郭县南海县，也就是唐代的广州城，对比唐代里数，我们可推测其位置当距今黄埔港不远。谭其骧《中国历史地图集·唐五代卷》将牛鼻镇定在广州西北部北江支流与流溪河交汇处，控扼西江、北江的上游。将紫石戍定在当时东江的入海口处⑤。由此可见上述二镇位于珠江航道上，与屯门镇作为海防机构，构成两道防御屏障。

---

① （宋）王溥：《唐会要》卷73，中华书局1955年版，第1326页。
② （清）顾祖禹：《读史方舆纪要》卷101《广东二》，中华书局2005年版，第4603页。
③ 《新唐书》卷43《地理志七上》，中华书局1975年版，第1095页。
④ （唐）李吉甫：《元和郡县图志》卷34《岭南道一》，中华书局1983年版，第888页。
⑤ 谭其骧：《中国历史地图集·唐五代卷》，地图出版社1982年版。

此外，杜佑《通典》还详细记载了唐代广东地区水师的战船配备情况^①：

楼船：船上建楼三重，列女墙战格，树幡帜，开弩窗、矛穴，置抛车、礧石、铁汁，状如城垒。忽遇暴风，人力不能制，此亦非便于事。然水军不可设，以成形势。

蒙冲：以生牛皮蒙船覆背，两厢开掣棹孔，前后左右有弩窗、矛穴，敌不得近，矢石不能败。此不用大船，务于疾速，乘人不及，非战之船也。

斗舰：船上设女墙可高三尺，墙下开掣棹孔，船内五尺，又建棚与女墙齐，棚上又建女墙，重列战敌，上无覆背，前后左右树牙旗、幡帜、金鼓，此战船也。

走舸：舷上立女墙，置棹夫多，战卒少，皆选勇力精锐者。往返如飞鸥，乘人之不及，金鼓、旗帜列之于上，此战船也。

游艇：无女墙，舷上置桨床，左右随大小长短，四尺一床；计会进止，回军转阵，其疾如风，虞侯居之，非战船也。

海鹘：头低尾高，前大后小如鹘之状，舷下左右置浮版，形如鹘翅翼，以助其船，虽风涛涨天，免有倾侧，覆背上，左右张生牛皮为城，牙旗、金鼓如常法，此江海之中战船也。

从上述水师战舰的阵容可遥观其时朝廷对海防的重视，以及海防力量之强大。

南汉时期，广东海防主要表现为与安南的对抗。南汉统治广东时期，大力拓展海外势力，掌握广东贸易。大有二年（929）前后，安南静海军节度使曲承美发生动乱，南汉高祖派梁克正率舰队远征占城，俘曲承美^②。

---

① 《通典》卷160《兵十三》，中华书局1984年版，第848页。
② （清）刘应麟：《南汉春秋》卷5《武职列传》，《四库未收书辑刊》第6辑第10册，北京出版社2000年版，第42页。

之后安南与南汉的藩属关系保持时间不长，大有十一年，双方又发生了战争。梁廷枏《南汉书》载："大有十一年冬十月，杨廷艺故将吴权攻交州，皎公羡使以赂来求援，帝欲乘其乱取之，崇文是使萧益谏不听，遣大将梁克贞领兵赴交。以万王洪操为静海节度使，徙封交王，令统战舰趋白藤，帝自率师屯海门为应。"①《新五代史》则更加详细地记载了这次战争的过程，大有十一年"交州公羡来乞师，龚封洪操交王，出兵白藤以攻之，龚以兵驻海门，权已杀公羡，逆战海口，植铁橛海中，权兵乘潮而进，洪操逐之，潮退舟还，铁橛者皆覆。洪操战死，龚收余众而还"②。

从上述几则材料可以看出，南汉同安南之间的战争完全以海战为主，也可以看作是广东地区海军同安南海军的较量，战场位于白藤、海门一带，也就是今红河的入海口出。概言之，唐五代时期广东海防经历了一个不断完善的过程，虽然白藤江之役南汉以失败告终，但这并未对唐代以来建立的广东海防体系有明显的影响，屯门防线和赤岸、紫石一线的两道防守体系依然对广州的市舶贸易起着保驾护航的作用。

四　宋元时期代广东沿海的海防

宋代广东地区的海防建设主要表现在宋室南渡之后，由于南宋偏安东南海区，背海立国，"防海道为亟，水军始设，其后元人南下渐逼，海上险隘处益设战舰"③。正因此，广东沿海地区上升为南宋国防的关键区域。两宋时期，以广州为中心的珠江三角洲经济发展较为迅速，同时广州的市舶贸易亦颇为繁荣，这一时期广东地区的海盗及走私活动日益猖獗。史载高宗建炎五年（1130）"海贼朱聪犯广州，又犯泉州"；又有"海贼陈感

---

① （清）梁廷相：《南汉书》卷3，收入李默等点校《岭南史志三种》，广东人民出版社2011年版，第354页。

② 《新五代史》卷65《南汉世家第五》，中华书局1976年版，第813页。

③ 雍正《浙江通志》卷95《海防一》，《中国地方志集成·省辑·浙江》，凤凰出版社2010年版，第1757页。

犯雷州，官军屡败"①；"海贼陈演添作乱，掠高、雷二州境上"②。绍兴七年（1137），海盗"綦母谨和尚啸聚于三水镇，有船四十，屠三水镇，焚海安等盐场"③。南宋时期，广东沿海海寇呈现大规模、集团化的发展趋势。如朱聪等多为海盗集团的首领，袭击沿海居民，劫掠过往商船。据《宋会要辑稿》载："臣僚言，自来闽、广客船并南海蕃船，转海至镇江买卖至多，缘西兵作过，并张遇党徒劫掠，商贾畏惧不来。今沿江防守严谨，别无他虞，远方不知。欲下两浙、福建、广南提举市舶司，招诱兴贩至江宁府岸下者，抽解收税，量减分数，非惟商贾盛集，百货阜通，而巨舰御尾，亦足以为防守之势。"④大臣李纲曾上奏："广南、福建路今年多有海寇作过，劫掠沿海县镇乡村，籍外国海船、市舶司上贡宝货，所得动以万计。"⑤甚至，海盗的猖獗影响到国家财政收入"国家每岁市舶之人数百万，今风信已顺，而船舶不来"⑥。

　　面对海盗骚扰的严峻形势，高宗绍兴年间便开始注意加强水军建设，绍兴二年，朝廷始设沿海制置司"以中书检正官仇念为福建、两浙、淮东路沿海制置使"⑦。绍兴三年南宋政府在广东沿海建立了"摧锋军"，下属有水军，主要戍守广州。名臣李纲建议朝廷于福建、广东"常存兵于两路镇压，仍下令诸路帅司，委以措置战舰，召集水军、水夫，常加校阅，令士卒习于风涛之险"⑧。绍兴六年朝廷在广东剿灭海寇的战争中失利颇大，

---

① 《宋史》卷28《高宗本纪》，中华书局1977年版，第518页。
② 《宋史》卷187《兵志一》，中华书局1977年版，第1596页。
③ （宋）刘时举：《续宋编年资治通鉴》卷4《宋高宗四》，《丛书集成初编》，中华书局1985年版，第54页。
④ 《宋会要辑稿·食货五十》之十二，中华书局1957年版，第5662页。
⑤ （宋）李纲：《梁溪集》卷82《论福建海寇札子》，《四库提要著录丛书·集部》第14册，北京出版社2011年版，第554页。
⑥ （宋）李心传：《建炎以来系年要录》卷88，绍兴五年夏四月戊午，《丛书集成初编》，中华书局1985年版，第1471页。
⑦ （宋）罗溶：《宝庆四明志》卷3《叙郡下》，《宋元方志丛刊》第一册，中华书局1995年版，第125页。
⑧ （宋）李纲：《梁溪集》卷82《论福建海寇札子》，北京出版社2011年版，第554—555页。

"沿海制置司水军统领修武郎严安雅、广州水军统领右儒林郎范德冲，以舟师与海贼郑广战于新会县之灶山上，贼乘风冲突，两军失利，官军多死"①。基于此，乾道五年（1170）又"增置广东水军"②。此外，乾道四年（1169）还创建潮州水军，编额为200人，同年增建广南东路经略安抚使司水军，编额达2000人③。从上可见，至南宋中后期，在广东已经形成了一支颇具规模的水军，驻扎于沿海、沿江一带防止海盗侵扰。

另外，从《武经总要》的记载来看，宋代已经开始着意于对广东海域的巡防，该书卷二十《广南东路》载：

> 广州南海郡即古百粤也，皆蛮蜑所居。自汉以后入为郡县，唐为清海军节度。本朝平刘鋹，复建方镇，为一都会，提举十六州兵甲、盗贼，控海外诸国，有市舶之利，蕃汉杂处。命王师出戍，置巡海水师营垒，在海东西二口，阔二百八十丈，至屯门山二百里，治舠鱼入海战舰。其地东南至大海四十里，东至惠州四百二十里，西至端州二百四十里，南至恩州七百五十里，北至韶州二百五十里。东南海路四百里，至屯门山二十里，皆水浅，日可行五十里，计二百里。从屯门山用东风西南行，七日至九乳螺州，又三日至不劳山，又南三百里至陵山东，其西南至大食、佛师子、天竺诸国，不可计程。太平兴国中，朝廷遣三将兵伐交州，由此州水路进师。今置广南东路，兵马钤辖，以州为治所。④

引文所论，对南海海路里程记载甚详，并以"巡海水师营垒"控制

---

① （宋）李心传：《建炎以来系年要录》卷120，绍兴六年六月乙巳，中华书局1985年版，第1941页。

② 《宋史》卷188《兵志三》，中华书局1977年版，第4633页。

③ 同上。

④ （宋）曾公亮、丁度：《武经总要》前集卷20《广南东路》，《文渊阁四库全书·子部·兵家》第241册，商务印书馆2005年版，第190页。

"海外诸国"。在征讨交州的过程中亦借助以水军为其主力，足见宋代对广东地区的海防建设之重视程度，亦彰显了广东在南海海防地缘战略构建中的重要地位。

元朝是广东海防重要的历史时期，这一时期的海防主要表现在宋元崖门海战、元军远征安南、占城的海上行动。同时，元朝在广东海域进行的大规模巡海活动，宣示元朝在广东海域的主权。

关于崖门海战的历史背景及其经过，前人已做过较为深入的研究，此不赘述。兹就崖门海战对宋元国家的海防建设之影响略赘数语。1279年的宋元崖门海战，从战争规模来看，无疑在我国历史上是空前的一次海上作战。最后以元军的胜利，宋军的失败而告终，这场海战的参战人数之多，出动战船之多，战斗时间之长，对当世及后世的影响之巨，在中国历史上可谓是前无先例的。广东作为南宋国家的海防南线，最终以广东作为南宋王朝的终结之地，有着深刻的历史地理背景。广东地理形势复杂，地理位置优越，毗邻东南亚，南宋王朝可谓进退方便，张世杰等人退守广东，应是想以此为跳板，再行北图。若是广东难以据守，尚可泛海南逃，即便退守交趾，亦有卷土重来之可能。然而，怎奈元军来势凶猛，南宋残余部众尚未反应过来，便荡灭在元军的铁骑之下。元朝在各地的军队建设上"相地之势，制事之宜，然后安置军马"[1]"议论定沿江濒海六十三处镇兵屯所"[2]。以广东为核心，缘南海各地设置巡检司，负责沿海的巡查。如元初，在广东屯门、固戍角等地各设置巡检司，以巡检一员，寨兵125名，徼巡沿海地区[3]。

忽必烈灭南宋后，便开始放眼海外，试图征服东南亚海上诸国。至元十五年（1278），派人"经营海外"招谕占城。占城不服元朝统治，元廷决意进讨，征发安徽、福建、湖广等地军队5000余人，沿海海船100艘，

①《元史》卷13《世祖纪十》，中华书局1976年版，第337页。
②《元史》卷99《兵志二·镇戍》，中华书局1976年版，第2550页。
③《大德南海县志》残本卷10《兵防》，广州市地方志研究所1986年印，第59页。

战舰250艘，由广州航海，开往占城，并缘海岸屯驻。元对占城用兵，将出发地选在广州，这是因为其时广州是海上运输和后勤补给的基地，同时广州海防发展相对成熟，有着相对完善的舰船制造设备和相对成熟的技术经验。据摩洛哥旅行家伊宾拔都《游记》记载："广舶"分艚、舴、货三种，大艚有帆多至12张，橹20棹，每橹需30人才能摇动，大艚可载1000人，船分4层，各种日常生活、救生设备一应俱全①。广东造船的兴盛，除了商业因素之外，也反映了元代广东海防发展的一个侧影。此外，广东还是元军南海用兵时的粮食补给基地，据《元史》记载，至元二十年，正当元军占城酣战之际，广东盗起，遏绝占城运粮，使得元军抽兵解救②。其时有人建言在越里、潮州、毗兰三道屯军镇戍"因其粮饷以给士卒，庶免海道转输之劳"③。这充分说明了广东是元代发兵海外的后盾保障。

综上所述，自秦汉以来，广东沿海地区作为历史上中国海疆的南部防线，呈现出逐渐持重的发展态势。自唐代始，于广州珠江口形成两道防御体系，控遏着珠江航道与外海之间的安全，保护商旅免遭海寇劫掠。宋元时期，在南部疆土的频繁用兵，使得广东海防形势逐渐上升，中央王朝亦对广东的海防建设越来越重视，广东海防中的战舰数量逐渐增多，沿海驻屯兵员也在不断增加。总体而言，秦汉至宋元时期的广东海疆军事活动虽然号为"海防"，但在这一较长时段内的防御对象主要是游走藏匿于山海之间的本土海寇、山贼。在对海外用兵时，广东沿海地区只是作为进攻性海防的后勤补给基地，并未遭受到外来强大敌对势力的威胁。同时，这一历史时期，国家并未在广东进行大规模的海防建设，尚未形成严格意义上的海防体系。

---

① 张星烺：《中西交通史料汇编》第二册，中华书局1977年版，第54—55页。
② 《元史》卷166《张荣实子玉附传》，中华书局1976年版，第3906页。
③ 《元史》卷209《外夷二·安南》，中华书局1976年版，第4687页。

第五节　明代广东沿海倭寇、海盗活动的时空分布特点

明代是我国沿海地区进行海防体系构筑的重要时期，因为在此之前历朝鲜有外敌从海上入侵，威胁国家的统治。进入明代，倭寇从海上而来，日益炽盛，伙同中国沿海商民，大肆攻掠东南沿海各省。在倭寇的影响下，东南各省沿海海盗、豪势乘机作乱。明人张瀚称："我明洪武初，倭奴数掠海上，寇山东、直隶、浙东、福建沿海郡邑，以伪吴张士诚据宁、绍、杭、苏、松、通、泰，暨方国珍据温、台等处，皆在海上。张、方既灭，诸贼强豪者悉航海，纠岛倭入寇。"①然而明初，国力强盛，朱元璋加强水军建设，设水军二十四卫，修理战船，派水军巡海，曾多次击败倭寇，使之难成气候。逮及嘉靖间，受日本战国大名的支持，倭寇在中国东南沿海肆掠甚巨，及嘉靖中期已十分猖獗。在这一侵扰过程中，明代中国本土海盗亦起了不可忽视的作用。郑若曾云："今之海寇，动计数万，皆托言倭人，而其实出于日本者不下数千，其余则皆中国之赤子无赖者，入而附之耳。"②

广东地区的倭寇自明初便已有之，然而嘉靖三十七年（1558）以前倭寇入侵主要集中在浙直沿海，之后由于浙直防御日益严密，倭寇转而南下福建、广东，闽粤沿海遂成为其觊觎的重点，同时广东沿海巨盗的兴风作浪也以这一时段最为集中。

兹据相关史料对明代广东地区倭寇、海盗入侵的情况不完全统计如表1—2：

---

① （明）张瀚：《松窗梦语》卷3《东倭记》，中华书局1985年版，第57页。
② （明）郑若曾：《筹海图编》卷11上《叙寇原》，中华书局2007年版，第671页。

表1—2 　　　　　　　　　　明代广东地区倭寇、海盗入侵情况

年份	月份	入侵地点	相关事实	据典
洪武二年		惠州、潮州	倭寇惠潮诸州	顺治《潮州府志》
洪武六年	八月	高州	海寇乱，广州卫指挥金事杨景追贼至钦州	道光《廉州府志》
洪武五年	不明	琼州、雷州	海寇罗已终寇雷琼，都指挥金事杨璟督军追捕	乾隆《琼州府志》
洪武六年	五月	海晏、下川、大儋、文特	海贼李夫人、钟万户、徐仙姑作乱	万历《广东通志》
洪武八年	十二月	潮州	潮州濒海居民为倭夷劫掠，指挥金事李德逗留不出，诛	《明太祖实录》
洪武十三年	七月	东莞	倭夷寇劫广东东莞等县	《明太祖实录》
洪武十三年	八月	海丰	倭夷寇广东海丰等县，都指挥使司率兵讨捕之	《明太祖实录》
洪武十四	不明	程乡	海寇饶隆海作乱程乡，陷城。原为县吏陈伏为内应，赵庸平之。	万历《广东通志》
洪武十四年	十一月	广州	赵庸讨广州海盗，平之	《明太祖实录》
洪武二十二年	十二月	潮州	倭寇由宁海犯广东	《明史纪事本末》
洪武二十四年	不明	遂溪	倭夷寇雷州遂溪县，百户李玉战死	《皇明驭倭录》
洪武二十六年	十一月	东莞	何迪作乱，遁入海岛	《皇明驭倭录》
洪武三十一年	不明	东里、大成所	倭寇东里、大城所，劫掠沿海居民，闭所城三门，多遇害	顺治《潮州府志》
建文三年	不明	潮州	伪元太子之变，沿海骚动，建都大埕，败俘斩	顺治《潮州府志》
永乐七年	四月	钦州长墩、林墟巡司	海贼阮瑶寇劫长墩、林墟司，副总兵李珪遣雷州卫官军击败之	万历《广东通志》
永乐七年	八月	钦州长墩、林墟	安南万宁贼寇钦州长墩、林墟二司，巡海副使将李珪击败之	道光《廉州府志》

续表

永乐八年	十二月	廉州	倭贼陷廉州，教授王翰死之，此倭贼入寇（廉州）之始	万历《广东通志》
永乐九年	春	昌化	倭贼攻陷昌化千户王伟被杀	万历《广东通志》
永乐十九年	正月	潮州靖海	巡海副总兵李珪于潮州靖海遇倭贼，与战，擒斩二十余	《皇明驭倭录》
宣德元年	不明	潮州	刘通事勾引倭寇入湾港，上里稽民悉众拒之，倭舟遁	顺治《潮州府志》
宣德五年	八月	海阳	海阳县碧洲村，倭登岸劫掠，潮州卫巡捕、指挥、黄冈巡检不能御	《明宣宗实录》
宣德八年	不明	倭犯儋州昌化	指挥高升督官军守御	乾隆《琼州府志》
正统十二年	不明	潮阳	海寇陈万宁作乱潮阳，知县刘元洪御之	万历《广东通志》
正统十四年	四月	海阳	闽贼寇海阳，官军民壮却之	《明英宗实录》
正统十四年	六月	广州	海贼黄萧养攻广州，都指挥王清死之	万历《广东通志》
景泰三年	四月	海丰、新会	海贼寇掠海丰、新会，都指挥杜信战死	万历《广东通志》
景泰三年	四月	柘林	海贼犯潮州柘林寨	《明英宗实录》
天顺二年	二月	宁州千户所	海寇犯宁州千户所	万历《广东通志》
天顺二年	三月	香山	海寇犯香山千户所烧毁备倭大船	万历《广东通志》
天顺二年	七月	香山、东莞	海寇严启盛寇香山、东莞，叶盛讨平之	万历《广东通志》
天顺三年	不明	潮州	海寇罗刘宁作乱潮州，知府谢光讨平之	同上
天顺三年	不明	潮州	海寇黄于一、林鸟铁乱潮州，知府周宣讨平之	同上
天顺四年	不明	海阳夏岭	海寇魏宗辉窃据海阳夏岭，金事毛吉讨平之	同上

天顺五年	四月	揭阳	海贼乘船劫掠揭阳县	《明英宗实录》
成化二年	不明	澄迈	倭寇登澄迈石蟹海，备倭指挥百户顶钦死之	乾隆《琼州府志》
成化十八年	二月	潮州	海贼登岸劫掠潮州	《明宪宗实录》
正德二年	不明	大埔	海寇朱秉英作乱大埔，官军灭之	万历《广东通志》
正德五年	不明	程乡	海寇陈玉良作乱程乡等，安远侯柳文讨平之	同上
正德六年	不明	潮州、惠州	海寇李四仔寇乱汀漳潮惠，都御使林廷选讨平之	同上
正德八年	八月	钦州	安南贼入寇钦州，百户谢惠拒战于淡水湾，死之	道光《廉州府志》
正德十一年	六月	广州	佛郎机夷始入广州，举大铳如雷，后谋据东莞南头	万历《广东通志》
正德十一年	不明	屯门	番夷佛郎机入寇，占据屯门海澳，海道副使王鋐讨之	光绪《广州府志》
正德十二年	不明	澄迈、临高	倭掠澄迈、临高，指挥徐爵督兵追之，贼溺死无算	乾隆《琼州府志》
正德十一年	十月	廉州	交趾贼寇廉州西盐场，指挥范铠击败之	万历《广东通志》
正德十二年	不明	惠州、潮州	海寇黄白眉流劫漳、泉、潮、惠，都指挥黄某等讨平之	同上
正德十四年	八月	钦州	交趾贼入寇，舟至方家港，钦州千户赵瑾击走之	道光《廉州府志》
正德十四年	十一月	广州	逐佛郎机夷人出境	万历《广东通志》
嘉靖元年	不明	海阳	海寇丘泥金流劫海阳，捕盗通判周箕讨平之	同上
嘉靖元年	不明	柘林	柘林民吴清入海为盗，寇下湾乡，长乐民兵追之	顺治《潮州府志》
嘉靖元年	不明	新会黄粱都	新会盗起引倭寇黄粱都，沿海民多遭掠杀，十年始平之	光绪《广州府志》

嘉靖元年	不明	昌化	海贼登昌化盐场，千户王承祖追剿之	乾隆《琼州府志》
嘉靖二年	二月	广州	佛郎机夷别都庐寇广，守臣捕获之	万历《广东通志》
嘉靖二年	不明	新会	佛郎机寇新会之草湾，都指挥柯荣、百户王应恩败之	同上
嘉靖四年	正月	昌化	海贼何乔掠昌化等村	乾隆《琼州府志》
嘉靖五年	不明	海阳	海寇曾阿三寇掠海阳，知府张景阳平之	万历《广东通志》
嘉靖五年	不明	潮州、惠州	柘林民吴大兴聚众驾海舟劫掠惠潮，潮州卫指挥提督民兵平之	顺治《潮州府志》
嘉靖十年	九月		海贼黄秀山作乱，提督侍郎富讨平之	万历《广东通志》
嘉靖十一年	五月	东莞	海贼许折桂、周广等乱东莞，提督侍郎谐平之	同上
嘉靖十四年	不明	大城所	海寇郭老寇大城所	顺治《潮州府志》
嘉靖二十三	不明	柘林	海贼李大用船近百艘攻东柘林路，官兵并乡民竭力守御	同上
嘉靖二十七年	十月	钦州、廉州	安南贼剽掠钦、廉，百户许镇战于龙门港，死之	道光《廉州府志》
嘉靖三十年	九月	东莞	海寇何亚八率彝人入寇东莞所，千户万里守南山烟墩，死	光绪《广州府志》
嘉靖三十一年	不明	顺德	海寇自太平口入顺德，劫县库而去	同上
嘉靖三十二年	正月	潮阳	海寇许栋通倭犯潮阳	万历《广东通志》
嘉靖三十三年	二月	广海、潮州	海寇何亚八、徐铨作乱广海、潮州，提督侍郎鲍象讨平之	万历《广东通志》
嘉靖三十三年	不明		广东番贼纠倭寇千余劫掠海上，官军击败之，擒贼首方四溪	《皇明驭倭录》

嘉靖三十三年	不明		海贼陈文伯作乱	光绪《广州府志》
嘉靖三十三年	十月	柘林	海贼犯潮州柘林，指挥黑孟阳引舟师歼之	万历《广东通志》
嘉靖三十五年	六月	潮州	广东倭劫掠潮州，以本省兵船赴浙直军门者掣还自救	《皇明驭倭录》
嘉靖三十六年	正月	海阳	海寇许栋寇潮阳县	顺治《潮州府志》
嘉靖三十七年	正月	揭阳	倭自漳泉犯揭阳，官军击败之	万历《广东通志》
嘉靖三十七年	二月	蓬州千户所	倭犯潮州鮀浦攻蓬州，千户佥事万仲分水陆兵马东西哨攻，皆溃	《皇明驭倭录》
嘉靖三十七年	十月	黄冈	倭自平和入陷饶平黄冈镇，兵备副使林懋举等击败之	万历《广东通志》
嘉靖三十七年	十月	惠来	倭自广州入寇惠来龙溪都，杀指挥杨某	同上
嘉靖三十八年	正月	海阳、饶平、惠来、朝阳	广东原屯黄冈倭贼流劫海阳、饶平、潮阳、惠来等	《皇明御倭录》
嘉靖三十八年	十月	潮州	漳州倭复从海口登岸入潮城下，肆掠凤山、钱冈诸村而去	顺治《潮州府志》
嘉靖三十八年	十一月	海门	倭千余人从招宁司河渡门，会许朝光攻海门所	同上
嘉靖三十八年	十二月	海阳	倭贼寇海阳下外莆都	同上
嘉靖三十八年	十二月		倭贼自福建云霄突入黄冈，官军破之	同上
嘉靖三十八年	不明		倭从浙江犯闽广	《明史纪事本末》
嘉靖三十九年	二月	潮州	倭寇六千余人流劫潮州等，时浙直倭患稍息而闽广警报日至	《皇明驭倭录》
嘉靖三十九年	正月	潮州	贼自辟望港口往南洋湾，官军击败之	顺治《潮州府志》
嘉靖三十九年	六月	潮阳	倭贼入屯潮阳之贵屿，方阖门，山贼入城，兵民御之，倭及贼散	同上

嘉靖三十九年	六月	大埔	倭寇大埔县，知县率众击败之	同上
嘉靖三十九年	八月	潮州	倭大举入寇三河、湖寮、古城、菖村、枫朗等	同上
嘉靖三十九年	不明	海丰	倭寇自潮侵海丰	康熙《惠州府志》
嘉靖四十年	正月	大城所	倭陷大城	顺治《潮州府志》
嘉靖四十年	三月	廉州	海寇至大石屯登岸逼近郊，知府熊琦率兵御之	道光《廉州府志》
嘉靖十四年	不明		碣石卫余丁叛，卫官合乡兵诛之	康熙《惠州府志》
嘉靖四十一年	不明	饶平	饶平贼林国宪勾倭寇四处抄掠	顺治《潮州府志》
嘉靖三十一年	不明	顺德	海贼从太平口劫顺德县库，知县李有则作木栅于海口守以戈船	光绪《广州府志》
嘉靖四十二年	正月	潮惠黄冈、大澳	广东倭寇犯潮惠二府黄冈、大澳等处。	万历《广东通志》
嘉靖四十二年	三月	潮阳	倭突抵潮阳城下掠村寨，知县胡世和战死	顺治《潮州府志》
嘉靖四十三年	正月	潮州	倭寇潮州，提督侍郎吴桂芳、总兵恭顺俟吴继爵讨	万历《广东通志》
嘉靖四十三年	二月	潮州	闽寇残贼流入广东界，劫掠渔舟入海	《皇明驭倭录》
嘉靖四十三年	三月	归善	归善盗温七、伍端作乱，参将谢恺讨之，擒温七	同上
嘉靖四十三年	四月	广州	潮州柘林海兵叛犯广州，广州吴桂芳讨平之	万历《广东通志》
嘉靖四十三年	五月	广州	佛郎机驾船三艘，海贼攻之	同上
嘉靖四十三年	八月	惠州、潮州	海贼吴平犯惠潮，惠州海丰转入潮州，诏闽广会使讨之	同上
嘉靖四十三年	不明	海丰	倭寇犯广东海丰，广东官军大败倭寇于惠州海丰	《皇明驭倭录》
嘉靖四十四年	不明	阳江	海贼寇阳江	崇肇《肇庆府志》

嘉靖四十四年	冬	廉州	海寇吴平掠廉州界，参将汤克宽击之	道光《廉州府志》
嘉靖四十五年	正月	琼州	海贼吴平掠白沙等处，总兵汤克宽遣兵击之	乾隆《琼州府志》
嘉靖四十五年	十二月	琼州	何乔等复犯崖州入大蛋港	同上
嘉靖末	不明	香山	香山黄粱都土寇结倭寇乱，为祸甚残，至万历间乃定	嘉靖《香山志》
隆庆元年	不明	碣石	海寇林道乾寇碣石卫城	康熙《惠州府志》
隆庆元年	不明	雷州、琼州	曾一本入寇，流至雷州、琼州文昌，守备李茂才死之	康熙《新安县志》
隆庆二年	四月	澄海	澄海大家、井民趁倭报急，充倭昌乱，总兵汤克宽率水陆兵平之	万历《广东通志》
隆庆二年	六月	广州	曾一本攻广州，杀参将缪印，知县刘师颜	《明穆宗实录》
隆庆二年	不明	甲子所	倭攻破甲子所，千户马寿下狱死	万历《广东通志》
隆庆二年	不明	海丰	倭寇犯海丰	康熙《惠州府志》
隆庆三年	不明	碣石甲子	海贼增一本勾引倭寇破碣石、甲子诸卫，官军御之无功	万历《广东通志》
隆庆三年	不明	海丰	倭突至铁冈，曾一本欲窥广城，诱倭据大鹏所，倭道海丰，误入铁冈	康熙《惠州府志》
隆庆三年	正月	碣石	曾一本引倭寇破碣石、甲子所	《明穆宗实录》
隆庆三年	正月	海丰	倭犯惠州海丰，把总周云翔等杀琼雷参将，叛入倭	万历《广东通志》
隆庆三年		阳江	倭寇阳江至于北门，陷海浪所	崇祯《肇庆府志》
隆庆三年	九月	清澜所	林凤入清澜，指挥崔世承被杀	乾隆《琼州府志》
隆庆四年	正月	广海卫、海晏	倭陷广海卫西，登陆寇海晏，指挥王祯、镇抚周秉唐、百户何兰死之	万历《广东通志》

续表

隆庆四年	不明	新安	倭寇流劫新安乡村，百户吴纶率乡兵战死	光绪《广州府志》
隆庆五年	正月	新宁	倭攻新宁城不可，遂掠	同上
隆庆五年	二月	澄迈	贼寇白沙澄迈	乾隆《琼州府志》
隆庆五年	三月	海口	倭自廉州夺船渡海登澄迈、临高至海口城、大略、由文昌遁	《明穆宗实录》
隆庆五年	不明	阳江	海贼掠阳江	崇祯《肇庆府志》
隆庆五年	不明	大鹏所	倭攻大鹏所，舍人康寿柏御之	光绪《广州府志》
隆庆五年	九月	甲子所	海贼杨老复破甲子所	顺治《潮州府志》
隆庆五年	十月	高州、雷州	倭犯高雷境，提督侍郎殷正茂讨平之	万历《广东通志》
隆庆五年	十月	澄海	林凤陷神泉镇，掠澄海	顺治《潮州府志》
隆庆五年	十一月	电白	倭贼攻电白城陷之，知县、指挥、千户皆弃城走	康熙《高州府志》
隆庆五年	十一月	新宁	倭攻新宁城不克，遂掠沙冲、独冈	光绪《广州府志》
隆庆五年	十一月	恩平	倭屠恩平总屯寨	万历《广东通志》
隆庆五年	十二月	高州	倭贼攻高州，知府吴国伦、参将陈豪击走之	康熙《高州府志》
隆庆五年	十二月	雷州西南	倭贼突掠雷州西南角	康熙《雷州府志》
隆庆六年	正月	澄迈、临高、新安港	海贼许万载犯澄迈入新安港、攻临高	乾隆《琼州府志》
隆庆六年	二月	澄迈、琼山、文昌	漳寇引倭自廉州渡海，抵澄迈界，焚舟登岸，有寇琼山、文昌	同上
隆庆六年	二月	石城锦囊所	倭寇分道犯广东化州石城县，攻破锦囊	《明穆宗实录》
隆庆六年	二月	神电卫	倭寇又陷神电卫县城，一时阳江、高州、吴川、海丰等并遭焚劫	《明穆宗实录》
隆庆六年	二月	新宁、高州、雷州	广东倭寇犯新宁高雷等处，官军与战于外村、乌蠹，皆捷	《明穆宗实录》

续表

隆庆六年	五月	乐会	广东海贼李茂破乐会县	《明穆宗实录》
万历元年	春	漳州、潮州	潮贼林道乾乘春汛驾船劫掠漳、潮海上	《倭患考原》
万历元年	四月	阳江	海贼朱良宝攻阳江城，不克	崇祯《肇庆府志》
万历元年	十一月	琼州	倭自海北夺船犯，李茂出海平讨	乾隆《琼州府志》
万历二年	冬十一	双鱼城	倭陷双鱼城，总都督御史殷正茂平之	《明神宗实录》
万历二年	冬	新兴	倭突入新兴二十四山	万历《广东通志》
万历三年	不明	广澳	海寇林凤入广澳，总督凌云翼遣兵击走之	《明神宗实录》
万历三年	十一月	靖海碣石	林凤劫柘林、靖海、碣石	《明神宗实录》
万历四年			林凤驾大船百余只在东海	万历《广东通志》
万历四年	十一月	合浦永安	倭贼攻廉州永安城、海川营、新寮闸，指挥张本固守，又至香草江	道光《廉州府志》
万历五年	不明		倭入外洋，灭之	同上
万历八年	不明	南头	倭番自浙闽入寇南头，总督刘尧诲讨平之	同上
万历八年	不明	琼州感恩	番贼自大泥国犯琼岸，参将颜宗文等破贼于感恩、于鱼鳞州，灭	同上
万历八年	不明	老万山	老万山贼肆劫，海防同知周希尹遣兵讨破	光绪《广州府志》
万历九年	不明	永安所	石城县珠贼杀永安所千户	康熙《高州府志》
万历十年	八月	乌兔寨	石城鸟兔等寨蛮民盗珠乱，永安所千户田治战死	道光《廉州府志》
万历二十年	春	广州	胥疍麦孔阳等劫掠货艘，除之	光绪《广州府志》
万历十七年	二月	万州、文昌	海贼掠万州东澳等村犯文昌	万历《广东通志》
万历十七年	四月	万州、陵水	海贼李茂犯清澜万州陵水	《明神宗实录》
万历二十四年	夏	硇洲	海贼万廷啸聚硇洲，分守道盛万年遣将抚之	康熙《高州府志》

万历二十六年	戊戌	钦州	交趾都勇作乱，侵入钦州界，知州王性率兵剿平	道光《廉州府志》
万历二十八年	庚子	防城港	倭贼寇钦州防城营，哨官李能与贼战于白龙尾，杀倭首	道光《廉州府志》
万历二十九年	三月	雷州	倭贼自淡水登岸据龙爵村，东山参将邓钟督兵平之	康熙《雷州府志》
万历二十九年	不明	南澳	倭舟泊于澳浒南澳	顺治《潮州府志》
万历三十一年	不明	海门	岛夷犯海门，参将麻镇击退之	顺治《潮州府志》
万历三十三年	十一月	广州	澳夷与倭合犯省	光绪《广州府志》
万历三十五年	十二月	钦州	交趾贼陷钦州，廉州府指挥党铉莫将兵御之	道光《廉州府志》
万历三十六年	正月	钦州、涸洲、龙门港	交趾贼寇钦州，战涸洲，又守备哨官战于龙门港，南屯朱家港，死之	同上
万历三十八年	正月	甲子澳	海寇袁八老余党入甲子澳，把总金充、武轻战死之	康熙《惠州府志》
万历四十六年	五月	揭阳	海盗袁进寇揭阳，承平日久，民不知拒	顺治《潮州府志》
万历四十八年	四月	广海、虎门、白沙	海寇许彬等出没海岛，跳梁于广海、虎门、白沙之间	《明神宗实录》
泰昌元年	十二月	揭阳	闽寇郑芝龙犯揭阳	顺治《潮州府志》
天启三年	不明	新安	红毛夷阑入新安，由佛堂门入泊庵下，知县率乡兵防守，乃去	康熙《新安县志》
天启五年	四月	海寇犯吴川烧毁边海民居	船泊乌泥江	康熙《高州府志》
天启六年	四月	阳江	海寇杀署双恩场董大使于蓝袍村	崇祯《肇庆府志》
天启六年	不明	新宁	海贼流劫新宁船头石诸乡，知县督御之	光绪《广州府志》
天启七年	正月	揭阳	郑芝龙再犯揭阳	顺治《潮州府志》

续表

天启七年	二月	揭阳、澄海	海寇褚綵老分南北二溪犯揭阳，四月、七月复入，九月犯澄海	顺治《潮州府志》
天启七年	三月	甲子门	海寇入甲子门，守备叶台死之	康熙《惠州府志》
崇祯二年		三水	水贼大杨群艘劫掠西南，窥三水邑城	光绪《广州府志》
崇祯二年	三月	莲头港	海寇李魁奇犯莲头港，焚战船，守道张公茂移镇电白	康熙《高州府志》
崇祯二年	三月	海朗所	海贼寇海朗所，南头参将率舟师摄之，漂外洋去	崇祯《肇庆府志》
崇祯三年	不明	南头	艚贼李魁奇寇南头，参将陈拱死之	光绪《广州府志》
崇祯二年	十月	揭阳	海贼五百余人寇揭阳霖田、鲤湖、棉湖等寨	顺治《潮州府志》
崇祯三年	正月	揭阳	海贼八十余人犯揭阳城	同上
崇祯三年	三月	丰政	海贼自长乐入寇丰政	同上
崇祯四年	不明	澄海	闽贼李芝奇驾舟数十艘突入南港犯澄海，参将擒三百余人	同上
崇祯五年		海阳、揭阳、大埔	丰政贼张文斌劫掠海、揭、埔	顺治《潮州府志》
崇祯五年	四月	白鸽寨	海贼刘香寇雷州白鸽寨	康熙《雷州府志》
崇祯七年	四月	海丰	闽贼刘香流劫潮州海丰，抄掠乡村，熊文灿檄郑芝龙讨之，炮击香	顺治《潮州府志》
崇祯七年	六月	新会、香山	刘香从虎跳门入新会江门，又出厓门，掠香山，郑芝龙平之	光绪《广州府志》
崇祯八年	八月	三水	水贼连夜围劫三水龙池	光绪《广州府志》

通过对上表所列明代广东地区倭寇、海盗入侵情况的统计，笔者对广东倭寇、海盗活动的时间、空间特征表述如下。

一 明代广东沿海倭寇、海盗入侵的时间变化特征

据上表的统计情况，我们制作图1—1，以显示明代广东海寇入侵的总体变化情况。从表1—2及图1—1来看，明代广东沿海倭寇、海盗入侵次数总共190次，但明代各个时段的分布却存在着很大差异。其中洪武年间共有14次，永乐间5次，宣德间4次。正统、景泰、天顺间共11次，成化间2次，正德间9次。嘉靖间共58次，以嘉靖三十年（1551）为断，分前、后两个时期，嘉靖前期14次，后期共44次。隆庆间32次，万历间31次，泰昌、天启间共8次，崇祯间13次。总体而言，洪武时期是倭寇、海盗入侵的一个小高峰，之后逐渐减弱，永乐至宣德间广东沿海地区较为安定，海寇较少，这与洪武年间加强海防建设密迩相关。宣德以后，政治日趋腐败，宦官专权，奸佞当国，北方鞑靼、瓦剌威胁严重，内地农民起义，少数民族反抗，统治阶级内部叛乱不断出现，沿海卫所制度渐趋懈怠，军备废弛，军士役占、隐匿现象严重，军队战斗力下降，导致倭寇、海盗势力重新抬头，因此正统至天顺间又形成一个波峰。正统以后，广东沿海地区省镇营兵制度逐渐完备，两广总督、镇守总（副）兵、分守参将的设置，使得广东海防效果显著，成化间海寇活动再次陷于低潮。成化以后海寇侵扰再一次开始上升，至嘉靖三十年（1552）为一个阶段，这一时期虽达到了一个小高峰，但尚不至猖獗的地步。嘉靖三十年以后，由于浙直地区倭寇大盛，在这种背景下广东沿海奸民、豪寇、海商，甚至山区盗寇出没海上，勾结倭寇，以致于山海之间"奸豪外交内诇，海上无宁日矣"[①]。嘉靖后期海寇侵扰程度直线上升，达到最高峰。隆庆以后，沿海盗寇侵扰形势虽逐渐下降，但总体而言仍属严重，直至天启、崇祯间才趋于缓解，与明初境况不相上下。

二 明代广东倭寇、海盗入侵的空间特征

明代郑若曾《筹海图编》中将广东沿海地区以广东政区为准，分为

① （明）张瀚：《松窗梦语》卷3《东倭记》，中华书局1985年版，第59页。

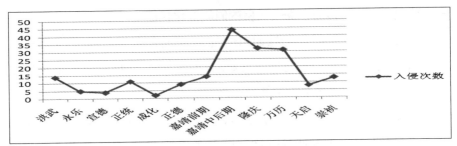

图1—1　明代广东沿海倭寇、海盗入侵时间变化

注：上图中宣德时期包括了洪熙年间的入侵次数，景泰、天顺年间的入侵统计在正统下。

东、中、西三路，东路为潮、惠二府，中路为广州府，西路为高、雷、廉三府①，我们进一步从不同区域的角度来比较海盗、倭寇入侵的情况。如图1—2所示，整个明代广东沿海倭寇、海盗入侵共190次，其中海防东路达78次，占总入侵次数的41％；海防中路41次，占入侵总数的21％；海防西路57次，占入侵总数的30％。另有14次入侵地点不明。总体来看，有明一代广东海防以东路为最紧要，次则西路，中路最轻。

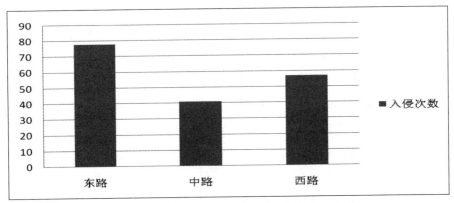

图1—2　明代广东沿海各路倭寇、海盗入侵比较

① （明）郑若曾：《筹海图编》卷3《广东事宜》，中华书局2007年版，第244—245页。又及，在本书的讨论中将阳江所在的肇庆府、海南岛所在的琼州府一并列入海防西路的范围。

三　明代广东倭寇、海盗入侵的时空关系及其变化

　　以上所论，单就有明一代倭寇入侵在海防各路中的分布而言，若是考虑到各路海寇入侵在不同时段的变化，情况便略显复杂。如图1—3所示，笔者以嘉靖时期为断，将广东地区海寇入侵分为三个时段。通过对表1—2的统计，参照图1—3可以看出，就东路而言嘉靖以前入侵次数为23次，占东路总数的29％；嘉靖时期为33次，占东路总数的42％；嘉靖以后为22次，占东路总数的28％。

　　就中路而言，嘉靖以前入侵9次，占中路的21％；嘉靖时期入侵11次，占中路总数的27％；嘉靖以后入侵21次，占总数的52％。

　　在西路，嘉靖以前入侵14次，占西路入侵总数的25％；嘉靖时期入侵8次，占西路总数的14％；嘉靖以后入侵35次，占西路总数的61％。

　　通过比较发现，明代东路的海防以嘉靖时期最为严重，嘉靖以前和以后程度相差不大；中路海防以嘉靖时期的形势最轻，嘉靖以前形势较为严峻，但尚不突出，但在隆庆、万历之际则直线上升；西路海防则自明初以来呈现缓慢上升趋势，嘉靖以后的隆庆、万历年间达到最为严重的程度。

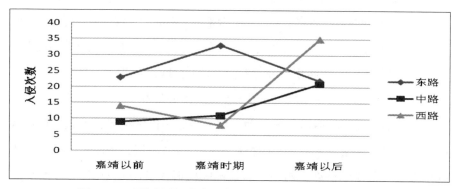

图1—3　明代倭寇、海盗入侵广东沿海地区各路时空变化

　　若从整个明代海寇入侵的发展形势来看，嘉靖以前东路最为严重，西路次之，东路最轻；嘉靖年间，东路最为严重，中路次之，西路最轻；嘉靖以后则是西路最为严重，中路次之，东路最轻。我们之所以在此不厌其

烦地从多个角度进行对比分析，是因为倭寇、海盗入侵广东沿海地区的时空分布特征与我们后面将要讨论的诸多问题密迩相关。

第六节　澳门开埠与广东海防形势的变化

澳门是珠江入海口处的重要门户，在明代海防中的地位十分重要，万历四十六年（1618）广东巡视海道副使罗之鼎言："香山蚝镜澳为粤东第一要害。"[①]然而在明嘉靖时期以前，澳门是一个人烟稀少，无固定村落的荒岛，嘉靖以后，随着葡萄牙人以及东南亚商人的入居，以及商埠的开通，澳门的经济、军事地位迅速上升，在军事上成为明代晚期海防关注的重点。

一　开埠以前的澳门形势

关于澳门开埠的时间，长期以来学界聚讼纷纭，概括起来有嘉靖八年（1529）说、嘉靖十四年说、嘉靖三十年说、嘉靖三十二年说、隆庆初说、万历中说，以及西方学者所奉之嘉靖三十六年说。然而汤开建先生，通过对比诸家之说，排比史料，经过详细考证，认为嘉靖三十三年才是澳门开埠的真正时间[②]。笔者以为汤先生的结论，证据充分，论说合理，当可以信从。

然而在嘉靖三十三年澳门开埠之前，葡萄牙商人、东南亚海商等已经在澳门半岛周围的海域频繁活动。据《明史·佛郎机传》记载：嘉靖八年，广东巡抚林富上言："粤中公私诸费，多资商税，番舶不至则公私皆窘，请令广东番舶例许通市……自是佛郎机得入香山澳为市。"[③]严从简

---

① 《明神宗实录》卷576，万历四十六年十一月壬寅。

② 汤开建：《澳门开埠时间考》，《暨南学报》（哲学社会科学版）1998年第4期。

③ 《明史》卷325《佛郎机传》，中华书局1974年版，第8432页。又见黄佐《泰泉集》卷20《代巡抚通市舶疏》、黄佐《广东通志》卷66《外志》、严从简《殊域周咨录》卷9《佛郎机》及顾炎武《天下郡国利病书》第33册《交阯西南夷》。

《殊域周咨录》载："虽禁通佛郎机往来，其党类更附番舶至为交易"①。黄佐《广东通志》亦载："嘉靖中党类（指佛郎机）更番往来，私舶杂诸夷中交易，首领人皆高鼻白皙，广人能辨识之。"②从上引资料可以看出，明代葡萄牙人在嘉靖初禁止通商后仍活动在广东沿海。嘉靖八年明廷逐渐通海禁，澳门半岛周围海域成了暹罗、占城、葡萄牙诸国商人互市交易的场所。黄佐《广东通志》载："布政司案：查得递年暹罗国，并该国管下甘蒲、六坤洲与满剌加、顺搭、占城各国夷船，或湾泊新宁广海、望峒，或新会奇潭，香山浪白、蠔镜，十字门或东莞鸡栖、屯门、虎头门海澳，湾泊不一。"③

　　然而葡萄牙殖民者并不是很规矩地在进行正常的交易活动，反而时或侵犯广东沿海地区。戴璟《广东通志初稿》载："佛郎机国，前此朝贡莫之与。正德十二年，自西海突入东莞县界，守臣通其朝贡。"④所谓"自西海突入"者，明显是以强行进入。葡萄牙人进入广州以后："突至省城，擅违则例，不服抽分，烹食婴儿，掳掠男妇，设栅自固，火铳横行。"⑤黄佐则言："佛郎机夷人假贡献以窥我南海。"⑥《明武宗实录》记载：正德十五年（1520），御史何鳌言："佛朗机最号凶诈，兵器比诸夷独精，前年驾大舶突进广东省下，铳炮之声震动城郭。留驿者违禁交通，至京者桀骜争长。今听其私舶往来交易，势必至于争斗而杀伤，南方之祸殆无极矣。……近因布政使吴延举首倡，缺少上供香料及军门取给之议，不拘年份，至即抽货，以致番舶不绝于海澳，蛮夷杂沓于州城，禁防既疏，道路

　　① （明）严从简：《殊域周咨录》卷9《佛郎机》，《续修四库全书·史部·地理类》，上海古籍出版社2002年版，第735页。
　　② （明）黄佐：《广东通志》卷66《外志》，岭南美术出版社2009年版，第1743页。
　　③ 同上。
　　④ （明）戴璟：《广东通志初稿》卷35《外夷》，《北京图书馆古籍珍本丛刊·史部·地理类》第38册，书目文献出版社1997年版，第575页。
　　⑤ 《明世宗实录》卷118，嘉靖九年十月辛酉。
　　⑥ （明）黄佐：《泰泉集》卷52《通奉大夫湖广布政使司雁峰何公墓志》，《文津阁四库全书·集部》第425册，商务印书馆2005年版，第694页。

亦熟，此佛郎机所以乘机而突至也。乞查复旧例，悉驱在澳番舶及夷人潜住者，禁私通，严重守备，则一方得其所矣。"[1]《明世宗实录》亦有："正德年间佛郎机匿名混进，流毒省城"等语[2]。足见开埠之前葡萄牙等国"番夷"在广东沿海为害甚巨。

二　澳门开埠与广东海防

万历《广东通志》卷六十九记载："嘉靖三十二年（1553），夷舶趋濠境者，托言舟触风涛缝裂，水湿贡物，愿借地晾晒，海道副使汪柏徇贿许之。时仅蓬累数十间，后工商牟奸利者，始渐运砖瓦木石为屋，若聚落然。自是诸澳俱废，濠镜为舶薮矣。"[3]汤开建先生据相关西文史料，考证认为引文中"嘉靖三十二年"当是"嘉靖三十三年"之误，因此嘉靖三十三年应是夷商们贿赂海道副使汪柏而进入澳门居住的年份，故澳门开埠的正确时间是在嘉靖三十三年。至嘉靖三十六年葡萄牙殖民者正式从白浪澳移驻澳门半岛。

葡萄牙占据澳门后，以此为基地，大力开展东西方的国际转运贸易，澳门因此成为葡萄牙垄断下的国际贸易中转港。起初，明政府禁止他们到广州贸易，他们遂勾结内地奸商，进行秘密贸易，广州地方官员收受贿赂，对此置若罔闻。后来明政府认为与其坐视失去葡人的巨额税款，不如允许其通商而征其货税。因此，从万历六年（1578）开始，葡萄牙人得以到广州进行公开贸易。此后，更多的商品被运往澳门。欧洲的毛织物，印度的琥珀、珊瑚、象牙、白檀、银块，马六甲的胡椒等货物经由澳门输往广州[4]。而中国的生丝、绢、黄金、瓷器等货物则经由澳门输往日本和欧洲的许多国家和地区，在这一国际转运贸易中，葡萄牙利用其垄断地位，廉价收购中国及亚洲其他国家的商品，高价输往欧洲等地，转手间获得巨额利润。由此可见，葡

---

① 《明武宗实录》卷194，正德十五年十二月己丑。
② 《明世宗实录》卷118，嘉靖九年十月辛酉。
③ （明）郭棐：万历《广东通志》卷69《外志》，岭南美术出版社2009年版，第1551页。
④ 张献忠：《明代葡萄牙殖民者多中国的侵略》，《历史教学》1997年第10期。

萄牙同中国及亚洲其他国家的贸易实际上是一种殖民掠夺。

葡萄牙以澳门为据点垄断国际贸易，对中国进行经济掠夺的过程中，还无视中国法律，为非作歹，侵扰广东沿海地区，给广东海防带来了巨大压力。随着澳门对外贸易的不断发展，葡萄牙人不断扩建房屋，借助澳门独特的地理优势，逐渐加强在澳门盘踞的根基，早在嘉靖四十三年（1564），庞尚鹏在《陈末议以保海隅万世治安疏》中便详尽地论述了澳门的地理形势和葡萄牙人在澳门势力的扩张：

> 广州南有香山县，地当濒海，由雍陌至濠镜澳，计一日之程。有山对峙如台，曰南北台，即澳门也。外环大海，接于群舸，曰石硖海，乃番夷市舶交易之所。往年夷人入贡，附至货物，照例抽盘。其余番货私赍货物者，守澳官验实，申海道，闻于抚按衙门，始放入澳。候委官封籍，抽其十之二，乃听贸易焉。……每年夏秋间，夷舶乘风而至，往止二三艘而止，近增至二十余艘，或倍增焉。往年俱泊浪白等澳，限隔海洋，水土甚恶，难于久驻。守澳官权令搭蓬栖息，迨舶出洋即撤去。近数年来始入濠镜澳，筑室以便交易，不逾年多至数百区，今殆千区以上。日与华人相接济，岁规厚利，所获不赀。故举国而来，负老携幼，更相接踵。今筑室又不知其几许，而有夷众殆万人矣。①

此外，葡萄牙殖民者还大力加强军事设施的建设，在澳门"私创茅屋营房"②，"增缮周垣，加以统治，隐然敌国"③。他们无视中国官吏，擅自修

---

① （明）庞尚鹏：《百可亭摘稿》卷1《陈末议以保海隅万世治安疏》，《四库全书存目丛书·集部》129册，齐鲁书社1997年版，第130—131页。

② （明）吴桂芳：《议阻澳夷进贡疏》，《明经世文编》卷342《吴司马奏议》，中华书局1962年版，第3676页。

③ （明）郭尚宾：《郭给谏疏稿》卷1，《广州大典》第二辑，《岭南遗书》第二册，广州出版社2008年版，第13页。

筑城墙，建造教堂。更甚者，勾结倭贼，袭击中国官军。对此，万历末年两广总督张鸣冈便十分隐忧的称："粤东之有澳夷，犹疽之在背也，澳之有倭奴，犹虎之傅翼也。"①对葡萄牙人在澳门的不法行径，两广总督许弘纲、巡按御史王命璿上奏说："澳夷佛郎机……列屋筑台，增置火器，种落已致万余，积谷可支战守。而更蓄倭奴为爪牙，收亡命为心腹。"②

总体来看，葡人自嘉靖三十三年（1554）开埠澳门以后，其在澳门的势力与日俱增，除合法贸易外，时常在广东尤其是广州府沿海地带进行武力骚扰。至万历以后，葡萄牙人勾结倭寇、海盗，在粤中沿海地区的侵扰甚嚣尘上，对粤中沿海造成巨大威胁。为了加强对澳门的管理和对葡萄牙人、倭寇、海盗等不法行径的制止和管束，加强澳门缘海地带的海防建设，明朝在香山县设有提调、备倭、巡缉等官员，或称为"守澳官"。这些守澳官具有维护海防、治安秩序等职责，其上是"领番夷市舶"的海道副使，兼掌海防和海上贸易事宜，同时在香山县的香山守御千户所亦是重要军事设置。嘉靖末年，吴桂芳修筑广州外城，并奏请设海防参将于东莞"内可以固省城之藩屏，外可以为诸郡之声援；近可以杜里海小艇劫夺之奸，远可以防澳中番夷跳梁之渐"③。此后，明朝专设海防参将一员，领兵三千，居常驻扎南头地方，负有弹压香山濠境等处夷船，并巡缉接济私通船只之责。

万历后期，以澳门为中心的粤中沿海海防形势上升为广东海防的重心。是时，明廷逐渐将海防的注意力转移至粤中沿海，并增置兵员以资弹压。万历四十年，兵部覆两广总督张鸣冈条防海五议的其中三条曰：

一 澳夷狡猾叵测，宜将虎头钦总改扎鹰儿浦，仍于塘基湾等处垒石为关，守以甲士四百人，余兵棋布缉援。

---

① 《明神宗实录》卷527，万历四十二年十二月乙未。
② 《明神宗实录》卷576，万历四十六年十一月壬寅。
③ （明）吴桂芳：《请设海防参将疏》，（明）应槚、刘尧诲《苍梧总督军门志》卷24《奏议二》，台湾学生书局1970年版，第1120页。

　一　旧营雍陌、香山濠镜间各五十里，议掣都司、海道兵卒以四百，选将肄武，更班守汛，与钦总所辖各兵营田以成。

　一　严防住牧内地佛郎诸夷，仍申市禁，否则绝之。^①

万历四十六年，广东巡视海道副使罗之鼎言：

　　香山蚝镜澳为粤东第一要害，以一把总统兵六百防守，无裨弹压。可移罗定东、西一将，抽兵六百助守澳门。而罗定道言：罗旁万山联络，猺獞杂居，万历初年讨平，布兵防守，迩来拨减过半。移将或有通融，抽兵未敢轻议。布按二司谓：以澳视罗定则罗定为稍缓，以西山较东山则东山又稍缓。宜以东山改设守备，隶西山参将提调。移其兵四百于鹰儿埔，合原兵为一千，而以香山寨改为参将，增置营舍，大建旗鼓，以折乱萌。^②

通过上面引文可以看出，虽然粤西山区瑶乱仍有余孽尚存，但相较于澳门地区的海防，则尚不足为虑。故革去东山参将，以其兵力移镇澳门，同时增设香山寨参将以加强香山、澳门缘海地带的防守力度。

综上所述，在进入明代万历以后，明廷对澳门及其缘海地区军事防守的关注度以及海防的建设力度，为此前从所未见。充分反映了这一时期，广东中路（粤中）海防形势的上升，换言之，这一时期广东海防的重心已然转向了中路。

---

① 《明神宗实录》卷499，万历四十年九月戊戌。
② 《明神宗实录》卷576，万历四十六年十一月壬寅。

第二章

明代广东海防分路与海防区划

明代广东海防的分路同时反映了海防的区划。关于明代广东海防分路问题，以往学术界尚无相关研究成果，新近鲁延召博士发表《明清时期广东海防"分路"问题探讨》一文①，于相关问题有所涉及。《探讨》一文虽有发凡之功，但似有未竟之处，其中关于广东海防分路的起始时间、明代广东海防分路演变情况的论述似有可商榷、补充之处。笔者以为，在分析海防分路形成时不仅要考虑到其与明代岭南地区陆海防御重心时空格局的密迩关系，同时亦有必要将海防分路置于同北部边防分路比较的视野下考量。故此，依据相关史料的分析解读，对相关问题再作探讨。

第一节　关于元末刘鹗提出广东海防分路的可能性问题

　　关于中国海防的兴起时间，目前学术界多持明代说。如杨金森、范中义就认为，"明代的海防主要是因防御倭寇而形成的"，尽管"地方性的沿海设防是从春秋时期开始的"，但"这些防御设施不是反对外来的入侵者，所以并不是完全意义上的海防"，所以明代以前的海防只能称作是"海防前史"②。此说与明清文献中的说法基本吻合。如明人茅元仪说："防海岂易言哉？海之有防自本朝始也。海之严于防，自肃庙时始也。"③

　　① 鲁延召：《明清时期广东海防"分路"问题探讨》（以下简称《探讨》），《中国历史地理论丛》2013年第2辑，第88—95页。

　　② 杨金森、范中义：《中国海防史》上册，海洋出版社2005年版，第1—22页。

　　③ （明）茅元仪：《武备志》卷209《占度·海防一》，华世出版社1984年版，第8847页。

清人蔡方炳也持类似看法："海之有防，历代不见于典册，有之，自明代始。而海之严于防，自明嘉靖始。"①

不过，《探讨》一文依据元人刘鹗《惟实集》中所收《直陈江西、广东事宜疏》，提出一个新说，认为"广东海防分路的提法早在元末就已经出现，或至少有所萌芽"，并从《直陈江西、广东事宜疏》对日本国地理位置的认知偏差、元末的倭患情况等方面进行了相应的论证。笔者反复研读《直陈江西、广东事宜疏》，感觉此文虽然注明写作时期是元至正二十二年（1362），但从具体内容上来分析，属于"伪作"的嫌疑颇大。

《直陈江西、广东事宜疏》涉及广东海防分路的相关文字如下：

> 总广东一省，列郡为十，今分为三路：东则惠、潮，中则岭南，西则高、雷，此三者皆要冲也。环郡大洋，风涛千里，皆盗贼渊薮，帆樯上下，乌合突来，楼船屯哨可容缓乎？为今之计：东路官军必屯柘林以固要津。中路之虎头门等澳，而南头为尤甚，或泊以窥潮，或据为巢穴，乃其所必由者。西路对日本倭岛、暹罗诸番，变生肘腋，是西路所当急为经画者，又乌可缓哉？②

按，上引文字虽然不长，但疑点颇多，所述似多为明代甚至是明中后期的情况，兹略考如下：

其一，所谓"总广东一省，列郡为十"之说，正是明代广东区划情况，并非元时制度。元时今广东、海南两省及广西北海、钦州、防城港三市辖境分属江西、湖广两行省，其中江西行省广东道宣慰司辖广州、韶州、惠州、南雄、潮州、德庆、肇庆7路，英德、梅、南恩、封、新、桂阳、连、循8州；湖广行省海北海南道宣慰司辖雷州、化州、高州、

---

① （清）蔡方炳：《海防篇》，《小方壶斋舆地丛钞》第9帙，杭州古籍书店1985年版，第12页。

② （元）刘鹗：《惟实集》卷1《直陈江西、广东事宜疏》，《文渊阁四库全书》本。另参见邱树森等辑点《元代奏议集录》下册，浙江古籍出版社1998年版，第359页。

钦州、廉州5路，乾宁1安抚司，南宁、万安、吉阳3军①。明洪武元年（1368）明朝军队平定岭南，逐步设置府州县。洪武二年（1369）四月改元朝时广东道宣慰司为广东等处行中书省，治广州府。六月又将在元海北海南道宣慰司政区基础上所设的府州县划归广东省，从而确定了明代广东的基本辖区。洪武九年（1376）六月广东行省改称为广东承宣布政使司，习惯上仍称作广东省。至洪武十四年（1381）重设廉州府后，广东有10府，分别是广州府、肇庆府、韶州府、南雄府、惠州府、潮州府、高州府、雷州府、廉州府和琼州府。万历五年（1577）又设罗定直隶州，这是明代中后期广东唯一的直隶州。②由此可知，"总广东一省，列郡为十"是明初至万历五年以前广东的行政区划。那么，元末是否存在已从江西行省分出另设广东行省并管辖有10路或府的情况呢？答案是否定的。《惟实集》卷三《广东道宣慰司同知德政碑》有"至正七年，夏公由海北签宪同知广东阃帅，到任不一月，即分府肇庆"之事，这说明，当时仍然是广东道宣慰司，只是广东道宣慰司原治广州，至正七年（1347）夏某由海北签宪出任广东道宣慰司同知后，可能为了军事上的需要，在肇庆府开设了广东道宣慰司分府。

其二，"今分为三路：东则惠、潮，中则岭南，西则高、雷，此三者皆要冲也"云云，是明嘉靖、万历之际颇为流行的说法，明人郑若曾在嘉靖四十一年（1562）初刻的《筹海图编》卷三《广东事宜》提到："广东列郡者十，分为三路。东路为惠、潮二郡"，中路"岭南滨海诸郡，左为惠、潮，右为高、雷、廉，而广州中处"，并引述时人的言论云："广东三路虽并称险厄，今日倭寇冲突莫甚于东路，亦莫便于东路，而中路次

---

①　谭其骧主编：《中国历史地图集》第七册《元·明时期》，地图出版社1982年版，第30—31页、第32—33页；李治安等：《中国行政区划通史·元代卷》，复旦大学出版社2009年版，第260—270页、302—305页。

②　郭红、靳润成：《中国行政区划通史·明代卷》，复旦大学出版社2007年版，第165—167页。

之，西路高、雷、廉又次之，西路防守之责可缓也。"①《直陈江西、广东事宜疏》估计是刘鹗后人在明嘉靖、万历之际的作品，误编入《惟实集》中，甚至于也不能排除是刘鹗后人参照《筹海图编》而写成的"伪作"（详后）。

其三，如果细细比对就会发现，《直陈江西、广东事宜疏》中关于广东海防各路形势的论述，似多据《筹海图编》卷3《广东事宜》节引、删改而来。如其中之"环郡大洋，风涛千里，皆盗贼渊薮，帆樯上下，乌合突来，楼船屯哨可容缓乎？"诸句与《广东事宜》论中路海防完全相同；其中"为今之计：东路官军必屯柘林以固要津"之句，《广东事宜》论东路海防作："为今之计：东路官军每秋掣班，必以柘林为堡，慎固要津"；其中"中路之虎头门等澳，而南头为尤甚，或泊以窥潮，或据为巢穴，乃其所必由者"诸句，《广东事宜》论中路海防作："其势必越于中路之屯门、鸡栖、佛堂门、冷水角、老万山、虎头门等澳，而南头尤甚"。两相比较，《广东事宜》所论更为翔实一些，可知《直陈江西、广东事宜疏》的有关论述大概就是节略《广东事宜》而成文的。

其四，对于《直陈江西、广东事宜疏》中的"西路对日本倭岛、暹罗诸番，变生肘腋，是西路所当急为经画者，又乌可缓哉"诸句，《探讨》一文给予了特别关注，认为"在元人刘鹗等看来，日本倭岛与暹罗一样在中国的西部，当优先考虑防范，这种不成熟的错误认识当非对此前如宋代倭寇廉州一事的经验总结"，并推测"《惟实集》对日本国地理位置的存在认知偏差，却恰恰说明了其分路之说自然不会'抄袭'后来明人的业已成熟的正确认识，倒是明人郑若曾等在编辑时可能参考了元末刘鹗的'遗作'，把其《直陈江西、广东事宜疏》这份疏文中相关的海防内容辑在《广东事宜》"。其实，"西路对日本倭岛、暹罗诸番，变生肘腋，是西路所当急为经画者，又乌可缓哉"云云，所述并非宋代经验或元末情况，

———————————

① （明）郑若曾撰，李致忠点校：《筹海图编》卷3《广东事宜》，中华书局2007年版，第244—245页。

而更可能是节引删改《广东事宜》论述西路海防的相关字句时，因理解不当而产生的错误论述。《广东事宜》论述西路海防云："议者曰：'广东三路虽并称险厄，今日倭寇冲突莫甚于东路，亦莫便于东路，而中路次之，西路高、雷、廉又次之，西路防守之责可缓也。'是对日本倭岛则然耳。三郡逼近占城、暹罗、满剌诸番，岛屿森列，游心注盼，防守少懈，则变生肘腋，滋蔓难图矣，可费讲乎！"从引文可知，在嘉靖末年，鉴于广东倭寇猖炽，有人建议重点加强东路防御，中路次之，西路防御则可稍缓。郑若曾从广东海防全局战略着眼，不完全同意这个观点，认为如果单独考虑倭寇问题，这一观点未尝不可，但如果考虑占城、暹罗、满剌诸番的潜在威胁，西路海防也要大加讲求。《直陈江西、广东事宜疏》是同意郑若曾的观点的，但似未读懂《筹海图编》的文字，将郑氏的两层意思混而为一，导致出现"西路对日本倭岛、暹罗诸番"这样的令人费解的字句。其抄书不慎，草率成章，了然可知。

此外，若是将《直陈江西、广东事宜疏》中其他内容进行相关文献上的比照，更能显其伪作之嫌。如疏中称：

> 臣愿陛下严简擢之法，省参督之制，核功赏之实，奋刑威之断。举一将则众议必简，任一人则群疑莫夺，赏一功则疏远不弃，罚一罪则贵近不疑，如是则人格其心，官奉其职。由是而刍粮可充，器马可利，城垒可固，练习可娴，斥谍可明，号令可信。虽八荒之远，六合之广，皆能如身之使臂，臂之使指。若江、广区区之地，又何必深长虑哉？

这应是刘鹗对元帝的建议，奇怪的是，几乎完全相同的记载也存在于明代李东阳所作《西北备边事宜状》中：

> 臣愿陛下严简擢之法、省参督之制、核功赏之实、奋威刑

之断。举一将则众议必同，任一人则群臣莫夺，赏一功则疏远不弃，罚一罪则贵近不疑。如是则人革其心官奉其职，由是而粮刍可充。器马可利、城堑可固、练习可闲、斥谍可明、号令可信。区区小虏，恶足为西北患哉。①

两文几乎同出一辙，可见《直陈江西、广东事宜疏》对李东阳《西北备边事宜状》中的内容亦有明显的截取。对于刘鹗及《惟实集》的成书问题，四库馆臣的一段考证可进一步坐实其确属伪作：

明初修《元史》失于采录，不为立传，并佚其名。近邵远平作《元史类编》始为补入"忠义传"，然亦仅及其死节事，其生平行履，则已不可考矣。《集》为其子遂述所编，初名《鸳溪文献》，其称《惟实集》者盖本其祖训，以诗道贵实之语也。……外集二卷皆前人序记、挽诗，乃其裔孙于廷等所重辑，今仍附之集末，以补史传之阙漏焉。②

该段考订的文字反映，《惟实集》实为刘鹗之子收集刘鹗生前作品所编，其后代子孙亦陆续做过"重辑"的工作。那么不言而喻，《直陈江西、广东事宜疏》实际上是明中后期刘鹗后人节引、删改郑若曾《筹海图编》卷三《广东事宜》及李东阳《西北备边事宜状》等相关论述而形成的粗率作品，阑入《惟实集》中，绝对不会是刘鹗所撰写的文字，所以也就不存在元末刘鹗提出广东海防分路的可能性。

通过上面的论述，不难看出，元末刘鹗提出广东海防分路的结论颇难成立。

---

① （明）李东阳：《李东阳集》卷一九《状疏》，岳麓书社2008年版，第634—635页。
② （元）刘鹗：《惟实集》，《文津阁四库全书·集部》第403册，商务印书馆2005年版，第99页。

第二节　明嘉靖末年朝廷确定的广东海防
东西二路方案及其形成原因

　　为深化我们对明代广东海防分路形成过程的理解，首先有必要探讨海防分路前明廷对广东海防经略的情形。明代中期以前，在卫所军事管理体制下沿海各省海防通常以"都指挥使""署都指挥佥事""都指挥同知"等充任备倭官进行调度防御。如《肇域志·山东》载："备倭都司在水城内，永乐六年始任都指挥王荣总领之。"①《明英宗实录》载："正统五年春正月，升金山卫指挥同知王胜署福建都指挥佥事提督备倭。"②因此，各省分督海防事宜的官职皆冠以总督备倭、备倭都司、备倭都指挥使、提督备倭③等名目，如胡宗宪《为海贼突入腹里题参各疏官》中说："祖宗开创之初，深虑倭夷为患，加意海防，建设卫所，战舰鳞次，烽堠星罗。领哨有出海之把总，备倭有总督之都司。"④姜宝《议防倭》亦云："洪武初汤信国海上之经略……自辽东、山东、直、浙、闽、广，凡沿海要害处，或置行都司，以备倭为名。"⑤

　　关于广东海防中备倭官的设置，据《明太宗实录》："永乐十九年春正月，兵部言：广东都指挥李端捕倭失机，已就逮。上命选能干官往率众备倭。"⑥似乎此时广东海防事宜由都指挥使兼辖，但其职衔尚未冠以"备倭"名目。此后直至正统八年才"命广东署都指挥佥事杜信提督缘海备倭

---

① （明）顾炎武：《肇域志·山东·登州》，上海古籍出版社 2004 年版，第 557 页。

② 《明英宗实录》卷 63，正统五年春正月甲辰朔丙寅。

③ 肖立军、李玉华：《明初山东总督备倭官浅探》，《第十五届明史国际学术研讨会暨第五届戚继光国际学术研讨会论文集》，第 685 页。

④ （明）胡宗宪：《为海贼突入腹里题参各疏官》，《明经世文编》卷 266《胡少保奏议》。

⑤ （明）姜宝：《议防倭》，《姜凤阿文集》卷 11《八闽稿上》，《四库全书存目丛书》集部第 127 册，齐鲁书社 1997 年版。

⑥ 《明太宗实录》卷 233，永乐十九年春正月戊子。

官军"①，此后则径称"广东备倭都指挥佥事某某"②。直到弘治二年"升彭城卫指挥使林英为广东都司署都指挥佥事总督备倭"③，广东海防中才出现"总督备倭"的称谓，此后广东一省海防事宜均由广东都司署都指挥佥事充任总督备倭官负责。明人李承勋在《勘处倭寇事情以伸国威疏》中说：

　　当开国之初……于山东、淮、浙、闽、广沿海去处多设卫所以为备御。后复委都指挥一员统其属卫，摘拨官军，以备倭为名，操习战船，时出海道，严加防备。④

引文显示，明代初期沿海各省只有"都指挥一员统其属卫""以备倭为名"统管本省海防事务，即广东都司的都指挥佥事是专职备倭或以备倭为名督理海防的⑤。因此，嘉靖三十七年以前，广东沿海海防一直由驻扎在东莞的总督备倭官统一督辖（详后），尚未出现分路防守的格局。

广东海防三路之说，首见于明人郑若曾在嘉靖四十一年（1562）初刻的《筹海图编》卷三《广东事宜》。据郑若曾在嘉靖四十年（1561）冬十二月所作《筹海图编序》："壬子以来，倭之变极矣。久乃得今少保梅林胡公，祗承天威，殚虑纾策，元凶授馘，余党底平。……会少保公征辟赞画，参预机宜，且获从幕下诸文武士闻所未闻。越数月，而书竣事。"⑥可见，此事大概是在嘉靖四十年（1561）编撰成的。所谓广东海防宜分成东、中、西三路，估计是时任浙直福建江西等处总督胡宗宪及其幕下诸文武士的基本观点。不过，可能是由于在《筹海图编》首刻之年，即嘉靖

---

① 《明英宗实录》卷104，正统八年五月乙亥。

② 《明英宗实录》卷152，正统十二年夏四月辛丑。

③ 《明孝宗实录》卷32，弘治二年十一月辛酉。

④ （明）李承勋：《勘处倭寇事情以伸国威疏》，《名臣经济录》卷2，台湾商务印书馆1986年版。

⑤ 《明史》卷76《职官五》："都指挥使及同知、佥事，常以一人统司事，曰掌印。"即都指挥同知、都指挥佥事可以概称为"都指挥"。

⑥ （明）郑若曾撰，李致忠点校：《筹海图编》，中华书局2007年版，第9页。

四十一年（1562）十月，胡宗宪即逮捕下狱了，所以此书中所言诸多方略，后来并未得到朝廷的完全认可。从现在掌握的史料来看，当时的明朝廷似乎更认可广东海防分成东西二路的方案。

检视《明实录》资料，似乎嘉靖中期便在广东海防中出现了东西二路的设想，《明世宗实录》嘉靖十九年六月戊辰条载：

> 提督两广都御史蔡经以崖、万等州黎岐叛乱，攻逼城邑，有司不能支。奏请添设参将一员驻扎崖陵，分守琼州地方及兼管琼雷廉州海洋备倭。其原设总督备倭官仍驻扎东莞，止令专管广惠潮海洋备倭。兵部覆言：琼州悬居海中，延袤三千里，黎峒盘处，犷险难制，而崖州陵水去黎由近，虽有督备，指挥势轻，况今黎贼构乱，难以弹压，诚宜改设参将。若广东备倭，旧有都指挥一员为之总督，虽驻扎东莞，与琼雷廉西路海洋稍远而经岁不至以弛其防，则总督之旷职，非官不备也，宜不可改。①

从蔡经的此次提议中进一步可以看出：原本广东一省的海防在军事部署的具体实践中未有分路，全省海防事宜由广东总督备倭官统一经略，然因广东海岸线绵长，总督备倭官驻扎东莞，虽然已经非常居中了，但若在如此远距离的海岸上做到东转西突，仍然不暇兼顾，尤其西路海洋辽远"经岁不至"，造成防守疏阔，贼害尤甚。为了解决这一局面，欲将广东高州府以西的"海洋备倭"事宜划归琼州参将管辖，是为"琼雷廉西路海洋"。高州府以东包括广惠潮等处沿海备倭仍由驻扎在东莞的总督备倭官负责，此虽未言"东路海洋"，但俨然已成东西之势。如此划分防区，缩小总督备倭官的管辖区域，以解鞭长莫及之虞。虽然此次在蔡经的建议下设置了琼州参将（嘉靖二十九年改为琼崖参将）②，总督备倭"专管广惠潮海

---

① 《明世宗实录》卷238，嘉靖十九年六月戊辰。
② 《明世宗实录》卷358，嘉靖二十九年三月癸酉。

洋备倭"的提议因兵部反对而流于夭折，但却表明时人对广东海防地理形势认识的深入和对东西二路分区防守的思考。

嘉靖末年以前浙江、南直隶地区的倭患最为严重，之后倭寇转而南下侵扰，福建、广东沿海成为倭寇觊觎的重点。因此，在广东海防中分路防守逐渐引起朝廷重视，嘉靖末年倭寇对广东的侵扰主要集中在粤东沿海地区，而驻在东莞负责广东海防事宜的总督备倭官要做到东西兼顾势必捉襟见肘，力不从心。虑及于此，嘉靖四十五年，朝廷添设南头参将驻扎东莞南头，专管广、惠、潮三府海防，万历《广东通志》载："南头海防参将一员，嘉靖四十五年设，驻扎南头，兼理惠潮。"①而西路之高雷廉琼海防事宜则仍属琼崖参将负责。至此，广东总督备倭官正式退出对广东海防事宜的总领，同时嘉靖末年以后的明代《实录》中亦不见关于广东总督备倭的记载。可见以南头参将和琼州参将管辖区域所形成的东、西二路分防格局已然形成，虽此时无东路、西路之称，其实东西之分路防守已然明显。

嘉靖四十五年两广总督吴桂芳上《请设沿海水寨疏》曰：

照的广东一省十府，惟南雄、韶州居枕山谷，其惠潮广肇高雷廉琼八府地方皆濒临大海，自东徂西相距数千余里。内通闽境，外接诸番，倭夷海寇窃发靡常，出没非一。然向因牵于山寇，素无海捕官兵，近自甲子（嘉靖四十三年）秋始，该臣会议，题请添设海防参将一员，领兵三千驻扎南头，以固省城东路之防，近又会请添设守备一员领兵一千二百名驻扎潮州柘林以严东界门屏之守，其于海邦防御之计少有赖矣。但南头之去柘林，道里尚属辽远，一旦有警，策应为难；其南头迤西由广省极抵琼崖、交南，茫洋二三千里之间，备御向疏，边防失讲，以故海上行劫，偷珠巨盗往往乎朋引类，向彼潜屯久住，略无忌惮。至于

① （明）郭棐：万历《广东通志》卷8《藩省志·兵防总上》，岭南美术出版社2009年版，第203页。

东路海贼每遇官兵追剿，亦即扬帆西向以为遁逃之所。①

按，疏中称嘉靖四十三年便有人"题请添设参将一员，领兵三千驻扎南头以固省城东路之防"，很显然将省城划归到了东路，故经兵部批复后，嘉靖四十五年真正落实此议时南头参将督理广州的同时兼辖惠潮海防。同时，从以上奏疏中的"南头迤西""至于东路"等语，可以看出，明显吴桂芳以南头为中心，将广东海防分为东、西二路，尚未出现中路之提法。

据《明会典》记载："嘉靖四十五年题准，广东扼塞要害，在东洋有柘林、碣石、南头，在西洋有白沙港、乌兔、白鸽门。六处皆立寨，增兵、增船，统以将官，无事则会哨巡缉，有警则互相策应，务以击贼外洋为上功，近港次之。如信地不守，见贼不击，俱坐罪重治。"②这里只提到东洋和西洋二路，并未见有中洋的说法，在《筹海图编》卷三《广东事宜》被列入中路的南头，则被划入东洋范围内。这说明，嘉靖末年，在明朝廷的思想中，广东中路海防尚不足单独划成海防战区。

关于广东中路海防的战略地位和防守策略，郑若曾在《筹海图编》卷三《广东事宜》有颇为详细的论述：

> 岭南滨海诸郡，左为惠、潮，右为高、雷、廉，而广州中处，故于此置省，其责亦重矣。环郡大洋，风涛千里，皆盗贼渊薮，帆樯上下，乌合突来，楼船屯哨，可容缓乎！尝考之，三四月东南风迅，日本诸岛入寇多自闽趋广。柘林为东路第一关锁，使先会兵守此，则可以遏其冲而不得泊矣。其势必越于中路之屯门、鸡栖、佛堂门、冷水角、老万山、虎头门等澳，而南头为尤

---

① （明）吴桂芳：《请设沿海水寨疏》，《明经世文编》卷342《吴司马奏议》，中华书局1962年版，第3671页。

② （明）申时行等修：《明会典》卷131《兵部十四·镇戍六》，中华书局1989年版，第673页。

甚。或泊以寄潮，或据为巢穴，乃其所必由者。附海有东莞、大鹏戍守之兵，使添置往来，预为巡哨，遇警辄敌，则必不敢泊此矣。其势必历峡门、望门、大小横琴山、零丁洋、仙女澳、九灶山、九星洋等处而西，而浪白澳尤甚，乃番舶等候接济之所也。附海有香山所戍守之兵，使添置往来，预为巡哨，遇警辄敌，则亦必不敢以泊此矣。其势必历厓门、寨门海、万斛山、纲洲等处而西，而望峒澳为尤甚，乃番舶停留避风之门户也。附海有广海卫、新宁海朗所戍守之兵，使添置往来，预为巡哨，遇警辄敌，则又不敢以泊此矣。夫其来不得停泊，去不得接济，则虽滨海居民且安枕而卧矣，况会城乎！按今设御之法，浪白、望峒二所，各置战舰，慎固封守；而南头宜特设海道驻扎，居中调度，似有以扼岭南之咽喉矣。应援联哨，其中路今日之急务乎！①

覆实而论，郑若曾关于广东海防中路的论证和建议是颇有前瞻性的。可是，明朝廷并未采纳，其原因可能比较复杂。除了胡宗宪被逮捕下狱，郑胡诸人之说不被重视以外，估计也与当时中路海防压力不似东路、西路那样吃紧，而粤西地区瑶乱又十分严重，整个广东的军事重心仍然位于粤西地区有一定的关系。前引吴桂芳《请设沿海水寨疏》称"向因牵于山寇，素无海捕官兵"一语可以看出，嘉靖中后期粤西山区的瑶乱仍是明廷经略岭南的军事重心。此外，从两广总督、广东总兵、参将等职官的设置及其驻址的变迁可以略约窥探明代广东地区陆海防御格局的时空演变对海防分路的影响（见下文）。

---

① （明）郑若曾撰，李致忠点校：《筹海图编》卷3《广东事宜》，中华书局2007年版，第244—245页。

第三节 万历四年以后广东海防东中西
三路局面的真正形成

隆庆年间，广东海防似仍为东西二路的战区划分格局。据《明会典》记载："隆庆四年题准，马耳澳乃潮郡外户，设水寨一所，与柘林相犄角。碣石与马耳会哨于甲子，马耳与柘林会哨于南澳，保障潮阳、澄海、揭阳、海阳地方。"①隆庆四年（1570）增设马耳澳水寨以后，广东东路海防得到进一步加强，东路各水寨的会哨制度也相应发生了一些变化。但这些只是涉及了广东东路，中路的重要性仍未能提到日程上来。

至隆庆六年，仍未见有中路之划分，《明穆宗实录》隆庆六年二月条有"调督理广东广惠潮海防参将罗继祖"一语②。按，"广惠潮海防参将"即是"南头参将"，足见其时广州海防仍属东路范围。

同年七月，广东东、西路分别添设巡海参将以代南头、琼崖参将负责东、西路海防③，将广东海防判然分为东、西两路。直到万历四年（1576）以后广东海防三路局面始真正形成，其标志便是广州府海防信地的明确划分。

据《苍梧总督军门志》记载："南头海防参将一员，嘉靖四十五年设驻扎南头兼理惠、潮。万历四年，总督侍郎凌云翼题议，惠、潮既总、参等官，今止防守广州，其信地东自鹿角洲起，西至三洲山止。"④可知，在嘉靖四十五年（1566）不仅题准在广东东洋设立了柘林、碣石、南头三水寨，在西洋设立了白沙港、乌兔、白鸽门三水寨，而且还在南头设置了海

---

① （明）申时行等修：《明会典》卷131《兵部十四·镇戍六》，中华书局1989年版，第673页。

② 《明穆宗实录》卷66，隆庆六年二月戊子。

③ 《明神宗实录》卷3，隆庆六年七月丁酉、庚子；《明神宗实录》卷42，万历三年二月戊申。

④ （明）应槚初辑，（明）凌云翼嗣作，（明）刘尧诲重修：《苍梧总督军门志》卷6《兵防一》，全国图书馆文献缩微复制中心1991年印，第97页。

防参将一员。但此时，南头水寨的防区仍然被划分在东路。十年之后，也就是到了万历四年（1576），由于两广总督凌云翼提议，南头参将止防广州海防战区亦即海防中路才单独被列出，广东海防东、中、西三路并列的局面才由此得到确立。核实而论，早在嘉靖末年，郑若曾在《广东要害论》中论及广东海防地理形势时便以"南头等处"代称中路：

> 广东列郡者十，分为三路，西路高、雷、廉，近占城、满刺诸番；中路东莞等澳，水贼倭寇不时出没；东路惠潮与福建连壤，漳舶通番之所必经，其受海患均也。故旧制每岁春汛，各澳港皆设战舰，秋尽而撤，回泊水寨。至今日则不然，倭寇冲突莫甚于东路，亦莫便于东路，其次则南头等处，又其次乃及高雷廉三府，势有缓急，事有难易，分兵设备。①

可见嘉靖末年，郑若曾在设计广东海防三路划分的过程中就将南头作为中路的核心予以重视，而万历四年以南头参将"止防广州"，可视作是对郑氏设想的最终实践。

通过上文的论述，不难看出，明代海防分路的确立形成过程均涉及参将防区的划分。揆诸史实，明代海防分路过程的实践实则源自对北部九边分路防守体制的借鉴。明代九边形成后，各镇在具体防守过程中相继实行了分路防守体制。所谓分路防守体制，是指九边各镇在总兵官节制之下，在镇内实行由分守参将负责分区防守的制度②。目前学界对这一问题的关注较少，相关研究成果中以刘景纯先生《明代九边史地研究》一书中对陕西四镇分路防守体制的形成与演变之研究最为系统和深入。据刘氏研究，明代延绥、宁夏、甘肃、固原四镇的分路防守体制大部分经历了由二路向三

---

① （明）郑若曾：《郑开阳杂著》卷1《万里海防图论上》，《文津阁四库全书·史部》第194册，商务印书馆2005年版，第307页。

② 刘景纯：《明代九边史地研究》，中华书局2014年版，第135页。

路、四路的演变。同时，各路内部复有次一级的分路，而参将辖区则是九边分路形成与演变的基础[①]。相较于九边分路体系，明代海防分路实践的时间较晚，且其复杂性远不及九边各镇分路。然而从广东海防分路形成来看，其对九边各镇分路思想的借鉴是极为明显的。因此，将海防分路的讨论置于同九边各镇分路体系的比较视野下进行，于我们深化明代海防分路体系的认识至关重要。《明史·兵志》在论说广东海防时明言："于广东则分东、中、西三路，设三参将。"[②]此所谓"三参将"即指东路巡海参将、南头参将、西路巡海参将。三参将分路防守的格局最终形成于将南头参将所辖广州府确立为海防中路的万历四年。

　　万历七年（1579）粤西"罗旁大征"结束以后，随着粤西地区的瑶乱大致平定，广东地区的军事重心彻底东移，两广总督驻址遂由广西梧州东移肇庆，崇祯初年两广总督驻址又再次东移广州，广州成为名副其实的广东或环南海地区的军政中心，广东海防中路的重要性更加显现（见下文）。这种海防格局，及至清代，不仅没有若何的削弱，而且还呈现出了进一步加强的态势。

---

① 刘景纯：《明代九边史地研究》，中华书局 2014 年版，第 135—151 页。
② 《明史》卷 91《兵三》，中华书局 1974 年版，第 2247 页。

清代学者蔡方炳在其《海防篇》中说："海之有防，历代不见于典册，有之自明代始，而海之严于防自明之嘉靖始。"[①]蔡氏所云之"海防"当是指严密的，有层次的海防体系之确立，而非广义上的简单防守。同时，明代海防与以往历史时期海防的最大区别便是防御对象的不同。秦汉乃至宋元广东甚至中国海防的主要对象是本土山海之间的盗贼，而明代的海防主要针对的是乘海而来的倭寇、东南亚诸国的海贼，乃至尚未成气候的西方殖民者。由于倭寇的大举入侵，使得海防的建设成为当时国防的重点之一。明代建国伊始，便受到倭寇的威胁，终明之世，倭寇不断，只是在不同时期的侵扰程度有所差别而已。

　　明朝建国初期，既有来自北方的威胁，同时整个沿海地区也笼罩在倭寇与海盗的阴影之下，因此不论是陆防还是海防都是缺一不可的，正如时人所称："岛夷倭寇在在出没，故海防亦重"[②]。朱元璋曾试图以外交途径解决海患问题，但此间倭寇入侵亦不间断，因此海防建设也在紧锣密鼓地进行，逐渐在明初便形成了海上巡哨、设立沿海卫所、建立沿海巡检司的防御体系。以下就明初广东卫所的设立、变化及其在海防体系中的作用作一探讨。

---

　　① （清）蔡方炳：《海防篇》，收入王锡祺《小方壶斋舆地丛钞》第9帙卷43，上海：著易堂石印本，光绪十七年。

　　② 《明史》卷91《兵志三》，中华书局1974年版，第2244页。

第一节 明代广东地区卫所建置的史料对比

随着倭患的严重，明初开始加强沿海防御，并在沿海一带设置卫所，依据地势地形、倭患入侵的程度"度地要害"设立相应的卫所，"系一郡者设所，连郡者设卫。大率五千六百人为一卫，千一百二十人为千户所，百十有二人为百户所。所设总旗二，小旗十，大小联比以成军。"[1] 明初针对广东地区的海患问题，在沿海紧要之处遍设卫所。甚至明代广东地区卫所设置中，除清远卫在内陆以外，其他诸卫皆置于沿海。然而各种史籍在记载广东地区所置卫所时并不一致，兹列表3—1、表3—2对照如下：

表3—1　　　　　　　　　明代广东沿海设卫对照

正德《明会典》	《筹海图编》	万历《明会典》	《苍梧总督军门志》	《明史》
广州前卫	广州卫[2]	广州前卫	广州左卫	广州左卫
广州左卫	雷州卫	广州右卫	广州右卫	广州右卫
广州右卫	神电卫	广州后卫	广州前卫	广州前卫
南海卫	广海	广州左卫	广州后卫	广州后卫
潮州卫	肇庆卫	南海卫	清远卫	南海卫
雷州卫	南海	雷州卫	南海卫	潮州卫
海南卫	碣石	广海	广海	雷州卫
清远卫	潮州	南海	惠州卫	海南卫
惠州卫	海南	潮州卫	碣石卫	清远卫
肇庆卫		惠州卫	潮州卫	惠州卫
广州后卫		碣石卫	肇庆卫	肇庆卫
		清远卫	神电卫	
		肇庆卫	雷州卫	
		廉州卫	廉州卫	
		神电卫	海南卫	

注：广州前、后、左、右四卫皆驻守广州在城中，且不辖守御千户所，故在下文讨论中不入沿海卫所之列；清远卫地处内陆，亦不列入沿海卫所讨论。

----

[1] 《明史》卷91《兵志三》，中华书局1974年版，第2193页。

[2] 注：《筹海图编》下之"广州卫"当为"廉州卫"之误，据该书卷3《广东兵制》广州卫下所辖守御千户所为钦州所、灵山所永安所。按，诸所皆远在今广西境内，明属廉州府，故当为廉州卫。

表3—2 　　　　　　　　明代广东守御千户所对照

正德《明会典》	《筹海图编》	万历《明会典》	《苍梧总督军门志》	《明史》
程乡千户所	钦州所	新会千户所	连州千户所	程乡千户所
高州千户所	灵山所	（以下旧有）	东莞千户所	高州千户所
廉州千户所	永安所	龙川千户所	大鹏千户所	廉州千户所
万州千户所	乐民所	新兴千户所	香山千户所	万州千户所
儋州千户所	海康所	儋州千户所	海朗千户所	儋州千户所
崖州千户所	海安所	东莞千户所	新会千户所	崖州千户所
南雄千户所	锦囊所	（以下新设）	新宁千户所	南雄千户所
韶州千户所	石城后所	从化千户所	增城千户所	韶州千户所
德庆千户所	宁川所	香山千户所	从化千户所	德庆千户所
新兴千户所	双鱼所	河源千户所	韶州千户所	新兴千户所
阳江千户所	阳春所	捷胜千户所	南雄千户所	阳江千户所
新会千户所	海朗所	靖海千户所	河源千户所	新会千户所
龙川千户所	新会所	澄海千户所	龙川千户所	龙州千户所
	香山所	灵山千户所	长乐千户所	
	阳江所	信宜千户所	甲子门千户所	
	新宁所	海康千户所	捷胜千户所	
	东莞所	锦囊千户所	海丰千户所	
	大鹏所	南山千户所	平海千户所	
	平海所	南乡千户所	大城千户所	
	海丰所	富霖千户所	蓬州千户所	
	捷胜所	信丰千户所	靖海千户所	
	甲子门所	韶州千户所	程乡千户所	
	靖海所	程乡千户所	四会千户所	
	海门所	阳江千户所	阳江千户所	
	蓬州所	万州千户苏	新兴千户所	
	大城所	大鹏千户所	德庆千户所	
	清澜所	增城千户所	泷水千户所	
	万州所	海浪千户所	南乡千户所	
	南山所	平海千户所	函口千户所	
		甲子门千户所	封门千户所	
		海门千户所	富霖千户所	
		广宁千户所	双鱼千户所	
		钦州千户所	宁川千户所	
		阳春千户所	高州千户所	
		乐民千户所	信宜千户所	
		石城千户所	阳春千户所	
		昌化千户所	锦囊千户所	
		封门千户所	海岸千户所	
		南雄千户所	海康千户所	
		德庆千户所	石城后千户所	
		高州千户所	永安千户所	

续表

正德《明会典》	《筹海图编》	万历《明会典》	《苍梧总督军门志》	《明史》
		崖州千户所	钦州千户所	
		新宁千户所	灵山后千户所	
		连州千户所	清澜千户所	
		长乐千户所	万州千户所	
		海丰千户所	南山千户所	
		大城千户所	昌化千户所	
		蓬州千户所	崖州千户所	
		永安千户所		
		宁川千户所		
		双鱼千户所		
		海安千户所		
		清澜千户所		
		泷水千户所		
		函口千户所		

注：以上所列千户所为明代广东全省的情况，下文讨论沿海千户所时，设于内陆的将不再涉及。

通过对表3—1、表3—2的深入考察，有如下几点值得注意。其一，正德《明会典》同《明史》所列诸卫、所完全相同，正德《明会典》所反映的应是明代前、中期广州卫所设置情况，《明史》虽成书于清代，但其纂修时应以正德《明会典》的记载为本，而未考虑到嘉靖以后的情形；其二，嘉靖、万历间当迎来了明代广东地区卫所增置的高峰，嘉靖以后卫增加3个，而千户所则由正德时期的13个增至53个，增加了4倍多，这充分反映了明代晚期广东地区陆海军事防御形势的上升；其三，《筹海图编》所收入的卫俱为沿海所置，惠州卫虽地处边海，但其所辖河源、龙川、长乐三守御千户所皆处赣粤交界的内陆地区，故不入沿海卫所之列。

第二节　明代广东地区海防卫所设置的相关考订

终明一代，广东沿海地区卫所的设置与驻防较为稳定，从一定程度上反映了沿海海防形势的演变。然而关于其设置时间、驻地等问题，若干史料记载相左之处甚多，兹以《筹海图编》所载沿海卫所为主要对象，参照诸种重要史籍，作逐一考订。

南海卫：据《大大明一统志》南海卫"在东莞县治南，洪武十四年（1381）建"①。崇祯《东莞县志》亦曰："南海卫隶广东都司，洪武十四年指挥卢诸创建。"②《苍梧总督军门志》云："南海卫在东莞县治南，洪武十四年设官。"③但据《明太祖实录》洪武十三年八月辛酉条载："遣使敕谕广东都指挥使司及南海卫指挥使司官曰：'戍边御侮不致民艰，将之善也。若居斯任者为国不能宣忠效力，为民不能御灾捍患，是废其职，罪将何归。前者海寇出没，为患不一，东莞尤甚。尔等坐视生民涂炭，朕将致罪。而复容之者，待尔俘囚来献，以功盖愆也。今久不捷报，事果何如？故敕尔等宜讨寇必克，擒缚以来，若仍前怠事，则并问东莞之罪。为将者不任律，有弃市之条，尔其听之。'"④以上敕谕之对象有"南海卫指挥使司"这一官职，似乎洪武十三年时便已设有南海卫，但随后又于洪武十四年秋七月辛巳条明确说"置南海卫于广州东莞县"⑤。比照前引诸条，洪武十四年当是南海卫始置之确年。关于其设置原因，据前揭引文中所提到，盖因"海寇出没，为患不一，东莞尤甚"，而驻守官兵镇压不力，故有南海卫之设。关于南海卫的管辖范围，《筹海图编》下有东莞、大鹏二千户所⑥。《苍梧总督军门志》同⑦。然而，据征诸文献，似乎其设置初期防守范围还包括内陆的龙川等地，《明太祖实录》洪武二十一年

① （明）李贤等：《大大明一统志》卷79《广东布政司》，《文津阁四库全书本·史部·地理类》第161册，商务印书馆2005年版，第653页。

② （明）张二果撰：崇祯《东莞县志》卷3《兵防志》，岭南美术出版社2009年版，第153页。

③ （明）应槚、刘尧诲：《苍梧总督军门志》卷6《兵防三》，学生书局1970年版，第402页。

④ 《明太祖实录》卷133，洪武十三年八月辛酉。

⑤ 《明太祖实录》卷138，洪武十四年秋七月辛巳。

⑥ （明）郑若曾撰，李致忠点校：《筹海图编》卷3《广东兵防官考》，中华书局2007年版，第232页。

⑦ （明）应槚、刘尧诲：《苍梧总督军门志》卷6《兵防三》，学生书局1970年版，第402页。

三月辛丑条载："置广东龙川守御千户所，先是惠州府言：龙川县山林险阻，寇盗常为民患，宜置守兵。至是，始立千户所，隶南海卫。"①至洪武二十二年惠州卫设立后便将龙川守御千户所改辖于惠州卫②。

东莞所：据万历《广东通志》："东莞守御千户所，在县南十三都南头城，洪武二十七年都指挥同知花茂奏设，今割新安县，隶南海卫。"③《苍梧总督军门志》"在东莞县治南，隶南海卫，洪武二十七年设"④。顾祖禹亦曰："东莞守御千户所在东莞县旧城内，洪武二十七年置。有砖城，周三里有奇，环城为池，一名南头城。"⑤以上诸书均作"二十七年置"，然笔者翻检《明史·地理志》，其记载却迥然不同，《新安县下》云："府东南本东莞守御千户所，洪武十四年八月置，万历元年改为县。"⑥将东莞守御千户所的始置之年定在洪武十四年。而《明太祖实录》洪武十四年秋七月辛巳条云："置南海卫于广州东莞县及大鹏、东莞、香山三守御千户所。"⑦明言东莞所置于洪武十四年。《明史》与《明太祖实录》之记载虽只有一月只差，但可以看出《明史》的纂修者当是相信《实录》记载，并以之为本。我们以为"二十七年"之说不确，因为明代置卫必然辖所，既然南海卫置于洪武十四年，其所管辖之千户所应该与其同时设置，即使不能同时设置，也不可能在迟洪武二十七年才建两所。以理判之，《明太祖实录》之记载应该属实。据前揭万历《广东通志》载，东莞千户所在明东莞县十三都南头城，即今之深圳市南山区南头天桥北，故址犹存。

大鹏所：大鹏所之始建年代，史籍记载之分歧与东莞所同，笔者仍以

① 《明太祖实录》卷189，洪武二十一年三月辛丑。
② （明）应槚、刘尧诲：《苍梧总督军门志》卷6《兵防三》，学生书局1970年版，第402页。
③ （明）郭棐撰：万历《广东通志》卷18《郡县志五·兵防》，岭南美术出版社2007年版，第425页。
④ （明）应槚、刘尧诲：《苍梧总督军门志》卷6《兵防三》，学生书局1970年版，第402页。
⑤ （清）顾祖禹：《读史方舆纪要》卷101《广东二》，中华书局2005年版，第462页。
⑥ 《明史》卷45《地理志六》，中华书局1974年版，第1134页。
⑦ 《明太祖实录》卷138，洪武十四年秋七月辛巳。

《明太祖实录》所记载之洪武十四年（1381）为其始建之确年。关于大鹏所的驻地，据万历《广东通志》载："在东莞县南七都鸟涌村。"①《苍梧总督军门志》曰"在东莞县东南四百里（笔者按，'四'当为衍字），滨海，隶南海卫"②。其故址今犹存，位于今深圳市东龙岗区大鹏镇之大鹏村。

　　广海卫：万历《广东通志》载："广海卫在新会县南一百五十里，洪武二十七年设。"③据《苍梧总督军门志》："在新会县南一百五十里，洪武二十七年设。"④《读史方舆纪要》亦曰"洪武二十七年改建卫"⑤。《明太祖实录》洪武二十七年八月甲子条有"置广海卫于新会县"一语⑥，《明史·地理志》则说："新宁县南有广海卫，洪武二十七年九月置"⑦。虽所置月份与《实录》略异，但诸书俱以"洪武二十七年"为广海卫始置之年，当无问题。关于广海卫的驻地，记载均较为模糊地说在"新会县南一百五十里"，但具体在何处，尚需略作考订。《读史方舆纪要》《广海卫下》指出，广海卫驻地"旧为褟州巡检司"，褟州巡检司置于元代，元大德《南海县志残本》卷十《兵防》下有褟州巡检司⑧，明初沿承不变，至洪武二十七年于该巡司驻地置广海卫，遂迁褟州巡检司于望高村，改名为望高巡检司⑨。广海卫城位于今江门台山市南部的广海镇，地理位置十分重

---

① （明）郭棐：万历《广东通志》卷18《郡县志五》，岭南美术出版社2009年版，第425页。

② （明）应槚、刘尧诲：《苍梧总督军门志》卷6《兵防三》，学生书局1970年版，第402页。

③ （明）郭棐：万历《广东通志》卷18《郡县志五》，岭南美术出版社2009年版，第425页。

④ （明）应槚、刘尧诲：《苍梧总督军门志》卷6《兵防三》，学生书局1970年版，第402页。

⑤ （清）顾祖禹：《读史方舆纪要》卷101《广东二》，中华书局2005年版，第4621页。

⑥ 《明太祖实录》卷234，洪武二十七年八月甲子。

⑦ 《明史》卷45《地理六》，中华书局1974年版，第1134页。

⑧ （元）陈大震：《大德南海县志残本》卷10《兵防》，广州市地方志研究所1986年印，第60页。

⑨ （明）郭棐：《粤大记》卷28《弓兵》，岭南美术出版社2007年版，第334页。

要：西为山丘，东为平原，南临南海。西北面与端芬镇相连，东北面与斗山镇衔接，西面与海晏镇毗邻，东面与赤溪镇接壤，南面与上川、下川岛隔海相望。管辖香山、新会、新宁、海朗四守御千户所，遗迹尚存。

香山所：据万历《广东通志》：香山所"在县治东，洪武二十六年设，隶都司，二十八年设，隶广海卫。"①似乎二十八年属复设。《苍梧总督军门志》则说："在香山县城，隶广海卫，洪武二十六年设。"②顾祖禹则称香山所"洪武二十六年建，隶都司，二十八年改隶广海卫"。认为二十八年是改隶之年。而《大明一统志》则曰："香山守御千户所在香山县治东，洪武二十七年建，隶广海卫。"③复检嘉靖《香山县志》卷3《公署下》称："千户所在县治东五十步，洪武二十三年副千户陈豫建。"认为始置于洪武二十三年。很有可能"三"字系"六"或"七"之讹写，因为同书《兵防下》云："国朝洪武二十三年设立香山守御千户所。"④言之凿凿。然而前文东莞所下引《明太祖实录》云：东莞、大鹏、香山三守御千户所俱始设于洪武十四年七月。如此一来，香山千户所之始置之年可谓众说纷纭，难以遽断。

新会所：万历《广东通志》载："新会守御千户所在县宣化坊左，洪武十七年（1384）建。"⑤《苍梧总督军门志》新会所："在县治东，洪武十七年设。"⑥《明太祖实录》洪武十七年六月甲申条载："置广东新会

---

① （明）郭棐：万历《广东通志》卷18《郡县志五》，岭南美术出版社2009年版，第425页。
② （明）应槚、刘尧诲：《苍梧总督军门志》卷6《兵防三》，学生书局1970年版，第402页。
③ （明）李贤等：《大明一统志》卷79《广东布政司》，《文津阁四库全书本·史部·地理类》第161册，商务印书馆2005年版，第653页。
④ （明）郭春震纂修：嘉靖《香山县志》卷3《政事志第三》，《日本藏中国罕见地方志丛刊》，书目文献出版社1990年版，第323页。
⑤ （明）郭棐：万历《广东通志》卷18《郡县志五·兵防》，岭南美术出版社2009年版，第425页。
⑥ （明）应槚、刘尧诲：《苍梧总督军门志》卷6《兵防三》，学生书局1970年版，第403页。

守御千户所，初新会县民岑德才言：'其地倚山濒海，宜置兵戍守，下广东都司定议，至是从其言置千户所。'"①诸书俱作十七年，当从。

新宁所：据万历《广东通志》："新宁守御千户所，在县治，嘉靖十年创建，隶广海卫。"②《苍梧总督军门志》《读史方舆纪要》等书记载相同。然《筹海图编》却将新宁守御千户所归于肇庆卫下，疑后所改隶。

海浪所：《明史·地理志》《阳江县下》称："县东南有海朗守御千户所。"③指出了海朗所的大体位置。嘉靖《广东通志初稿》则不仅明确了其归属、建置年代而且标明其具体的位置、建置原因："海朗隶广海卫，在阳江县东南五十里，洪武二十七年奏设，以备海寇。"④《苍梧总督军门志》记载略同⑤。可见洪武二十七年为其始置之年。据笔者实地考察，海浪所旧址，位于今阳江市阳东县大沟镇海头村的镇海山上，尚有不少遗迹存留。

肇庆卫：《大明一统志》："在府治东，洪武初设守御千户所，二十二年改卫。"⑥《苍梧总督军门志》："肇庆卫在肇庆府东，洪武初设守御千户所，二十二年改今卫。"⑦《明太祖实录》洪武二十二年春正月戊子条下有"改广东肇庆千户所为肇庆卫"一语⑧。足见肇庆卫当始置于洪武二十二年（1389）。其下辖沿海千户所有阳江、新宁二千户所。

阳江所：《大明一统志》："阳江守御千户所在县治东，洪武元年

---

① 《明太祖实录》卷162，洪武十七年六月甲申。

② （明）郭棐：万历《广东通志》卷18《郡县志五·兵防》，岭南美术出版社2009年版，第425页。

③ 《明史》卷45《地理六》，中华书局1974年版，第1137页。

④ （明）戴璟：嘉靖《广东通志初稿》卷10《公署》，《北京图书馆古籍珍本丛刊》第38册，书目文献出版社1997年版，第212页。

⑤ （明）应槚、刘尧诲：《苍梧总督军门志》卷6《兵防三》，学生书局1970年版，第403页。

⑥ （明）李贤等：《大明一统志》卷81《广东布政司》，《文津阁四库全书本·史部·地理类》第161册，商务印书馆2005年版，第666页。

⑦ （明）应槚、刘尧诲：《苍梧总督军门志》卷6《兵防三》，学生书局1970年版，第406页。

⑧ 《明太祖实录》卷195，洪武二十二年春正月戊子。

建。"①又《读史方舆纪要》曰："阳江守御千户所在县治东𤫉山上，洪武元年废南恩州，改州治为千户所，直隶都司。"②《苍梧总督军门志》亦主洪武元年建。又《明太祖实录》洪武六年八月癸未条载："置德庆、惠州、肇庆、南雄、韶州、阳江六千户所，计兵二万一千六百七十八人。"③综上，笔者以为，洪武元年是阳江守御千户所始建之年，而洪武六年为其改隶肇庆卫的年份。

新宁所：见"广海卫"条考证。

神电卫：《大明一统志》："神电卫，在电白县东南一百八十里，洪武二十七年建。"④杜臻《闽粤巡视纪略》称："电白县治即神电卫城也，洪武二十七年都指挥花茂筑土城。"《明太祖实录》洪武二十七年冬十月丙申条载："置神电卫指挥使司于高州电白县，以宁川、双鱼二千户所隶之。"⑤据《苍梧总督军门志》《筹海图编》知其后又增辖阳春千户所⑥。据笔者实地考察，神电卫城遗址位于广东茂名市电白县电城镇内，今尚存嘉庆二十三年修葺的位于城内十字街口的烽火楼台，即钟鼓楼一座。

双鱼所：据《大明一统志》："双鱼守御千户所在阳江县西一百五十里，洪武二十七年建，隶神电卫。"⑦《苍梧总督军门志》："守御双鱼千户所在阳江县西一百五十里，隶神电卫，洪武二十七年设。"⑧《读史方舆纪要》认为"在阳江县西南百五十里，洪武二十七年置，隶神电卫。有

---

① （明）李贤等：《大明一统志》卷81《广东布政司》，《文津阁四库全书本·史部·地理类》第161册，商务印书馆2005年版，第666页。

② （清）顾祖禹：《读史方舆纪要》卷101《广东二》，中华书局2005年版，第4657页。

③ 《明太祖实录》卷84，洪武六年八月癸未。

④ （明）李贤等：《大明一统志》卷81《广东布政司》，《文津阁四库全书本·史部·地理类》第161册，商务印书馆2005年版，第669页。

⑤ 《明太祖实录》卷235，洪武二十七年冬十月丙申。

⑥ 见（明）应槚、刘尧诲《苍梧总督军门志》卷6《兵防三》，学生书局1970年版，第408页；（明）郑若曾：《筹海图编》卷3《广东兵防官考》，中华书局2007年版，第232页。

⑦ （明）李贤等：《大明一统志》卷81《广东布政司》，《文津阁四库全书本·史部·地理类》第161册，商务印书馆2005年版，第666页。

⑧ （明）应槚、刘尧诲：《苍梧总督军门志》卷6《兵防三》，学生书局1970年版，第407页。

城，周二里有奇。所东有双鱼角，临大海，颇险，所因以名"①。相关文献显示，双鱼所曾一度迁往阳春县。据《明太祖实录》，洪武三十年"迁肇庆府双鱼所治于阳春县，初置双鱼千户所于阳江县，至是，阳春知县赵清言：'县境接连蛮洞，乞移千户所屯守'故有是命"②。这次迁所于阳春是为了镇压内陆"蛮洞"，然估计不久后又迁回原处，故众史籍多不载此次迁移之事。笔者曾考察双鱼所遗址，所城位于今天的阳西县上洋镇东南三公里左右的双城村，在今龙高山（朗官山）南麓山坡，尚存几段残墙，仍能见到印有"双鱼城砖"字样的大块青砖。

宁川所：据《大明一统志》："宁川守御千户所，在吴川县东南，洪武二十七年建。"③《苍梧总督军门志》："宁川守御千户所在吴川县东南，隶神电卫，洪武二十七年设。"④《明太祖实录》洪武二十七年夏四月戊戌下有"是月置宁川守御千户所于吴川县"一语⑤。

阳春所：据嘉靖《广东通志》："守镇阳春守御千户所，在县治东，洪武三十一年建。"⑥万历《广东通志》亦曰"嘉靖三十一年建"⑦。《苍梧总督军门志》则曰："在阳春县东，隶神电卫，洪武二十六年设。"⑧复检《明太祖实录》，洪武十五年五月丁卯条有"置阳春守御千户所"一语⑨。因前揭诸书阳春守御千户所均在"兵署"条，故笔者疑阳春千户所始

---

①　（清）顾祖禹：《读史方舆纪要》卷101《广东二》，中华书局2005年版，第4658页。

②　《明太祖实录》卷249，洪武三十年春正月壬申。

③　（明）李贤等：《大明一统志》卷81《广东布政司》，《文津阁四库全书本·史部·地理类》第161册，商务印书馆2005年版，第669页。

④　（明）应槚、刘尧诲：《苍梧总督军门志》卷6《兵防三》，学生书局1970年版，第407页。

⑤　《明太祖实录》卷232，洪武二十七年夏四月戊戌。

⑥　（明）黄佐：嘉靖《广东通志》卷31《政事志四》，岭南美术出版社2007年版，第785页。

⑦　（明）郭棐：万历《广东通志》卷51《郡县志三十八》，岭南美术出版社2009年版，第1171页。

⑧　（明）应槚、刘尧诲：《苍梧总督军门志》卷6《兵防三》，学生书局1970年版，第408页。

⑨　《明太祖实录》卷145，洪武十五年五月丁卯。

置于洪武十五年，而洪武三十一年为其建署之年。

雷州卫：嘉靖《广东通志》载"洪武元年置雷州卫"①，而《苍梧总督军门志》则曰雷州卫在"雷州府东，洪武五年设"②。《明太祖实录》洪武元年九月己未条载："置雷州卫指挥使司。"③《军门志》"五年"说显得颇为突兀，今查万历《雷州府志》卷十二《兵防志》下云："洪武元年戊午（按，当为己未）改为雷州卫，五年立雷州卫指挥使司。"④故《军门志》应以指挥使司之设立视为立卫之年，然笔者以为应以《实录》等记载之洪武元年（1368）为确。据《筹海图编》，雷州卫辖乐民、海康、海安、锦囊、石城五海防千户所。

乐民所：据嘉靖《广东通志》："乐民所在遂溪县第八都，洪武二十七年建。"《苍梧总督军门志》："乐民所在遂溪县西南一百九十里，隶雷州卫，洪武二十七年设。"⑤《明太祖实录》洪武二十七年冬十月丙申条云："置乐民、海康、海安、锦囊四千户所于雷州之地。"⑥关于其驻地，万历《雷州府志》记载更为详细："在遂溪县第八都蚕村。"即为今天的遂溪县西南乐民镇乐民村。

海康所：其始置年代与乐民所同，即为洪武二十七年。嘉靖《广东通志》载其驻地在"在海康县第九都"。⑦万历《雷州府志》云"在海康县第

① （明）黄佐：嘉靖《广东通志》卷31《政事志四》，岭南美术出版社2007年版，第785页。

② （明）应槚、刘尧诲：《苍梧总督军门志》卷6《兵防三》，学生书局1970年版，第408页。

③ 《明太祖实录》卷35，洪武元年九月己未。

④ （明）欧阳保纂修：万历《雷州府志》卷12《兵防志一》，《日本藏中国罕见地方志丛刊》，书目文献出版社1990年版，第319页。

⑤ （明）应槚、刘尧诲：《苍梧总督军门志》卷6《兵防三》，学生书局1970年版，第408—409页。

⑥ 《明太祖实录》卷235，洪武二十七年冬十月丙申。

⑦ （明）黄佐：嘉靖《广东通志》卷31《政事志四》，岭南美术出版社2007年版，第785页。

九都湾蓬村"①。即今雷州市西南海滨康港圩。

海安所：始置于洪武二十七年，据嘉靖《广东通志》其驻地在"徐闻县南博张村"②。万历《雷州府志》同③。据笔者实地考察、访问，其旧治应在今徐闻县海安港的城内村。

锦囊所：始建于洪武二十七年。关于其驻地，据嘉靖《广东通志》在"徐闻县二十八都"④。万历《雷州府志》则曰"在徐闻县二十八都新安村"。即为今徐闻县东五十里锦和镇城内村，至今有遗址尚存。

石城后所：据嘉靖《广东通志》："镇守石城后千户所在石城县治西，正统五年建，隶雷州卫。"《苍梧总督军门志》亦曰："在石城县西，隶雷州卫，正统五年设。"而《明英宗实录》正统二年九月乙卯下有"析广东雷州卫后千户所置石城千户所于高州府石城县"一语⑤，似乎正统五年不确。检万历《雷州府志》卷十二《兵防志一》"后所"下有云："移守石城，廨宇俱在石城县内。"⑥似乎"石城后千户所"为"雷州卫后千户所"移驻之后的称谓。据此，笔者推测正统二年应为雷州卫后所设置之年，正统五年乃其移驻石城的时间。

廉州卫：据嘉靖《广东通志》："廉州卫，洪武三年立守御百户所，十四年改为千户所，二十八年改为卫。"⑦《读史方舆纪要》亦认为洪武

①　（明）欧阳保纂修：万历《雷州府志》卷12《兵防志一》，《日本藏中国罕见地方志丛刊》，书目文献出版社1990年版，第320页。

②　（明）黄佐：嘉靖《广东通志》卷31《政事志四》，岭南美术出版社2007年版，第785页。

③　（明）欧阳保纂修：万历《雷州府志》卷12《兵防志一》，《日本藏中国罕见地方志丛刊》，书目文献出版社1990年版，第320页。

④　（明）黄佐：嘉靖《广东通志》卷31《政事志四》，岭南美术出版社2007年版，第785页。

⑤　《明英宗实录》卷34，正统二年九月乙卯。

⑥　（明）欧阳保纂修：万历《雷州府志》卷12《兵防志一》，《日本藏中国罕见地方志丛刊》，书目文献出版社1990年版，第320页。

⑦　（明）黄佐：嘉靖《广东通志》卷31《政事志四》，岭南美术出版社2007年版，第785页。

二十八年改为卫①。万历《广东通志》记载相同②。《明太祖实录》洪武二十七年五月丙子条载："是月，改广东廉州千户所为廉州卫，钦州百户所为千户所。"③笔者以为，改卫应在洪武二十七年，而置卫指挥使的时间当稍晚一些，即洪武二十八年。据《筹海图编》，廉州卫下辖钦州、灵山、永安三海防守御千户所。

钦州所：钦州守御千户所始置时间之分歧同于廉州卫，笔者仍主《明太祖实录》所持"洪武二十八年"说。

灵山所：据嘉靖《广东通志》："灵山守御千户所在县城内，洪武、正统间建。"④但此说较为笼统，其具体建置时间不明。万历《广东通志》载灵山千户所"在县治北，正统五年副使调南海卫后千户所官军守镇，千户赵敏始建"⑤。盖其始建于正统五年前后。然而《苍梧总督军门志》则说千户所"在灵山县治东，隶廉州卫，正统六年设"。《读史方舆纪要》亦载："守镇灵山千户所，在县治东。正统六年，调南海卫后千户所官军防守。"⑥笔者以为，万历《广东通志》只是指出了调往南海卫官兵镇守的时间，并未确言灵山所之建也在该年，故宜将其时间定为正统六年（1441）。析广东雷州卫后千户所置石城千户所于高州府石城县，南海卫后千户所置灵山千户所于廉州府灵山县，从按察司副使贺敬奏请也。

永安所：据嘉靖《广东通志》载："永安守御千户所在（廉州）卫治东南一百五十里，洪武二十八年建。"⑦《苍梧总督军门志》亦曰："在

① （清）顾祖禹：《读史方舆纪要》卷104《广东六》，中华书局2005年版，第4763页。

② （明）郭棐：万历《广东通志》卷53《郡县志四十》，岭南美术出版社2009年版，第1217页。

③ 《明太祖实录》卷233，洪武二十七年五月丙子。

④ （明）黄佐：嘉靖《广东通志》卷31《政事志四》，岭南美术出版社2007年版，第785页。

⑤ （明）郭棐：万历《广东通志》卷53《郡县志四十》，岭南美术出版社2009年版，第1217页。

⑥ （清）顾祖禹：《读史方舆纪要》卷104《广东六》，中华书局2005年版，第4763页。

⑦ （明）黄佐：嘉靖《广东通志》卷31《政事志四》，岭南美术出版社2007年版，第785页。

合浦县东六十里，隶廉州卫，洪武二十八年设。"①万历《广东通志》则说："永安守御千户所在永安城内，永乐十年建。"②然而，据崇祯《廉州府志》记载，似乎早于洪武二十八年永安所"旧在石康安仁里，洪武二十七年为海寇出没奏迁于合浦县海安乡，仍名永安城"③。显然洪武二十七年之前已设有永安所，洪武二十七年始迁于永安乡。其遗址尚存，即在今天合浦县东南约八十公里的山口镇永安村。然而，关于永安守御千户所设立的确切时间，笔者翻检诸史志，亦无所获，尚待异日详考。

　　海南卫：据嘉靖《广东通志》载："海南卫在琼州府治西……（洪武）五年建卫。"④万历《广东通志》："海南卫在府治东，洪武壬子改为卫。"⑤"洪武壬子"即为洪武五年。《大清一统志》则认为："海南卫，在府治西，明洪武二十五年建。"⑥《明太祖实录》洪武二年八月条云："置海南卫，以指挥佥事孙安守之。"⑦随后，洪武六年庚戌条有"海南卫指挥王玙卒，遣官致祭"一语⑧，据此可判，海南卫的设置至少在洪武六年以前，"二十五年"说则不可信。"洪武六年以前"又有"洪武二年八月""洪武五年"两说。今审之以正德《琼台志》，其对海南卫之设立前后记述颇详："洪武二年己酉八月，以兵部侍郎孙安授广东（按，永乐《志》作广西）卫指挥佥事，率千户周旺、百户吴成等部，领张氏漫散军士朱小八

---

　　① （明）应槚、刘尧诲：《苍梧总督军门志》卷6《兵防三》，学生书局1970年版，第409页。

　　② （明）郭棐：万历《广东通志》卷53《郡县志四十》，岭南美术出版社2009年版，第1217页。

　　③ （明）张国经纂修：崇祯《廉州府志》卷6《经武志》，岭南美术出版社2009年版，第80页。

　　④ （明）黄佐：嘉靖《广东通志》卷31《政事志四》，岭南美术出版社2007年版，第785页。

　　⑤ （明）郭棐：万历《广东通志》卷59《郡县志四十六》，岭南美术出版社2009年版，第1333页。

　　⑥ （清）穆彰阿等：《嘉庆重修大清一统志》卷350《琼州府》，《续修四库全书·史部·地理类》第621册，上海古籍出版社2002年版，第752页。

　　⑦ 《明太祖实录》卷44，洪武二年八月戊子。

　　⑧ 《明太祖实录》卷86，洪武六年十一月庚戌。

等一千余名前来镇御，开设海南分司，仍隶广西省。三年，改隶广东省……五年壬子改分司为卫……"①《苍梧总督军门志》亦认为在"海南卫在琼州府治西，洪武五年建"②。如此一来，《实录》之说颇有孤证难立之嫌，从正德《琼台志》的记载看来，洪武二年（1369）实为孙安开设海南分司之时，而海南卫建立之确年应为洪武五年。关于南海卫的驻地，诸书均认为在府治西，唯万历《广东通志》作"府治东"，当误。关于海南卫所辖千户所《郑开阳杂著》载："海南卫统内千户所五，外守御千户所六。"③这里的外千户所据《苍梧总督军门志》当指清澜、万州、南山、儋州、昌化、崖州六所④。其中，属沿海者为清澜、万州、南山三所。

清澜所：据《明太祖实录》洪武二十七年八月甲戌条载"置广东青蓝守御千户所"⑤。这里的"青蓝"指的便是后来的"清澜"。然而《大明一统志》则载："清澜守御千户所，在文昌县东南三十里，洪武二十四年建。"⑥嘉靖《广东通志》曰："清澜守御千户所，在卫治东南一百九十里，洪武十七年指挥桑昭奏设。"⑦复检正德《琼台志》卷十八云："清澜守御千户所在卫治东南一百九十里文昌县青蓝都清澜港东，洪武十七年以来，本卫军以勾补及长成者数日益增，指挥桑昭以本港滨海，每侵倭寇，二十四年议请立守御所，次年二月拨军千名，委千户王纲开设厅门……"⑧

---

① （明）唐胄：正德《琼台志》卷18《兵防上》，岭南美术出版社2009年版，第229页。

② （明）应槚、刘尧诲：《苍梧总督军门志》卷6《兵防三》，学生书局1970年版，第409页。

③ （明）郑晓：《郑开阳杂著》卷1《万里海防图论》，《文津阁四库全书·史部·地理类》第194册，商务印书馆2005年版，308页。

④ （明）应槚、刘尧诲：《苍梧总督军门志》卷6《兵防三》，学生书局1970年版，409—410页。

⑤ 《明太祖实录》卷234，洪武二十七年八月甲戌。

⑥ （明）李贤等：《大大明一统志》卷82《琼州府》，《文津阁四库全书本·史部·地理类》第161册，商务印书馆2005年版，第675页。

⑦ （明）黄佐：嘉靖《广东通志》卷31《政事志四》，岭南美术出版社2007年版，第785页。

⑧ （明）唐胄：正德《琼台志》卷18《兵防上》，岭南美术出版社2009年版，第242页。

从引文来看，嘉靖《广东通志》的纂修者显系受《琼台志》之影响，径取前面的"十七年"而未注意到后面的"二十四年"，故致误。另外，"清澜千户所"之取名显然是因于"清澜港"而非"青蓝都"，故《实录》所言非确。综上，笔者以为洪武二十四年为清澜所始建之确切时间。明代的清澜所遗址在今海南省文昌市东南的清澜港。

万州所：据《明太祖实录》洪武二十年九月丁未条载："是月，立万州守御千户所。"①《苍梧总督军门志》亦曰："万州守御千户所，在万州西，隶海南卫，洪武二十年设。"而嘉靖《广东通志》则曰："洪武七年千户刘才开设。"②今检《实录》，刘才并未有万州任职经历，不知此"洪武七年"之说所本为何。我们姑以洪武二十年为万州所之始设。

南山所：《明太祖实录》洪武二十七年十一月乙丑条载："置南山守御千户所。"③《大明一统志》："南山守御千户所，在陵水县治西南，洪武二十七年建。"④《苍梧总督军门志》亦曰："南山守御千户所在陵水县西南，隶海南卫，洪武二十七年设。"⑤诸书均作"洪武二十七年（1394）"始设，应不误。

碣石卫：《明太祖实录》洪武二十七年十二月乙亥条载："置广东碣石卫及甲子门千户所。"⑥《粤闽巡视纪略》云："碣石卫城在县东一百二十里，孤悬海表，城西南五里即大海，洪武二十七年指挥花茂建。"而《大明一统志》则说："碣石卫在海丰县东南一百二十里滨海，

①　《明太祖实录》卷185，洪武二十年九月丁未。
②　（明）黄佐：嘉靖《广东通志》卷31《政事志四》，岭南美术出版社2007年版，第785页。
③　《明太祖实录》卷235，洪武二十七年十一月乙丑。
④　（明）李贤等：《大大明一统志》卷82《琼州府》，《文津阁四库全书本·史部·地理类》第161册，商务印书馆2005年版，第675页。
⑤　（明）应槚、刘尧诲：《苍梧总督军门志》卷6《兵防三》，学生书局1970年版，第410页。
⑥　《明太祖实录》卷235，洪武二十七年十二月乙亥。

洪武二十二年建。"①疑是误"二十七年"为"二十二年"。关于碣石卫所辖千户所《郑开阳杂著》有云:"惠郡在南海滨,洪武间倭寇入犯,遂立碣石卫于海丰,统五所,又立甲子、捷胜二千户所于沿海险要地,又于归善东南立平海千户所,以扼海道。"②这里的"五所"指内五所,而海丰、甲子、捷胜、平海三所为针对海防的沿海卫所。

甲子门所:据《大明一统志》:"在海丰县东二百一十里滨海。"③前揭《明太祖实录》云其始设于洪武二十七年。嘉靖《广东通志》亦曰:"甲子门所在广东海丰县东二百一十里,洪武二十七年建。"④《苍梧总督军门志》同说⑤。可见洪武二十七年始建不误。其位于今广东陆丰市甲子镇。

捷胜所:《明太祖实录》:"洪武二十八年三月戊午,改惠州卫捷径千户所为捷胜千户所。"⑥据此,捷胜所之身前为捷径所。同书洪武二十八年二月戊子条载:"置广州卫增城千户所,惠州卫右、后二千户所及所属捷径千户所。"⑦足见捷胜所始设于洪武二十八年无疑。其具体位置在今广东汕尾市新渔港,尚有遗迹可辨。

平海所:据《明太祖实录》,洪武二十七年八月甲子条载"置广海卫于广州新会县,置惠州、平海、海丰三守御千户所"⑧。可见平海、海丰二千户所皆置于洪武二十七年。嘉靖《广东通志》《苍梧总督军门志》皆作"洪武二十七年"。明代平海千户所的位置在今惠东县稔平半岛南端的

① (明)李贤等:《大大明一统志》卷80《惠州府》,《文津阁四库全书本·史部·地理类》第161册,商务印书馆2005年版,第661页。

② 《郑开阳杂著》卷1《万历海防图论上》,《文津阁四库全书·史部·地理类》第194册,商务印书馆2005年版,308页。

③ (明)李贤等:《大大明一统志》卷82《琼州府》,《文津阁四库全书本·史部·地理类》第161册,商务印书馆2005年版,第661页。

④ (明)黄佐:嘉靖《广东通志》卷31《政事志四》,岭南美术出版社2007年版,第784页。

⑤ (明)应槚、刘尧诲修:《苍梧总督军门志》卷6《兵防三》,学生书局1970年版,第404页。

⑥ 《明太祖实录》卷237,洪武二十八年三月戊午。

⑦ 《明太祖实录》卷237,洪武二十八年二月戊子。

⑧ 《明太祖实录》卷234,洪武二十七年八月甲子。

平海镇。

海丰所：其始设时间同"平海所"条所考。

潮州卫：据《大明一统志》："潮州卫在府城内太平桥北元总管府故址，本朝洪武三年改为卫。"①嘉靖《广东通志》："潮州卫，洪武元年置兴化卫指挥分司，三年改潮州卫指挥司。"②《苍梧总督军门志》：潮州卫"在潮州府城内太平桥北元总管府故址，洪武三年改今卫。"③可见潮州卫始置于洪武三年（1371）无疑。潮州卫辖海防千户所有大城、蓬州、靖海、海门四所。

据《大明一统志》：大城守御千户所在府城东北三十里；海门守御千户所在潮阳县南五里；靖海守御千户所，在潮阳县南八十里。以上三所俱始建于洪武二十七年。而蓬州守御千户所则建于洪武二十六年。④其他诸史志记载基本相同，兹不赘列。以上四千户所的具体位置分别为：靖海所位于今惠来县东南26千米处的靖海镇；大城所位于今饶平县的黄冈镇东南14千米处小金山南侧；海门所位于今汕头市朝阳区南之海门镇；蓬州所在今汕头市金平区鮀江街道。

第三节　明代广东沿海地区卫所的时空布局特点

以上对明代广东沿海9卫29守御千户所的设置时间、驻地等进行一一考证。总体来看，明代沿海卫所的分布呈现如下特征：

---

① （明）李贤等：《大大明一统志》卷80《潮州府》，《文津阁四库全书本·史部·地理类》第161册，商务印书馆2005年版，第663页。
② （明）黄佐：嘉靖《广东通志》卷31《政事志四》，岭南美术出版社2007年版，第785页。
③ （明）应槚、刘尧诲：《苍梧总督军门志》卷6《兵防三》，学生书局1970年版，第405页。
④ （明）李贤等：《大大明一统志》卷80《潮州府》，《文津阁四库全书本·史部·地理类》第161册，商务印书馆2005年版，第663页。

1.从明代沿海卫所的设置时间来看，大部分集中于明初洪武时期，只有个别设于洪武以后。

2.从沿海卫所的地域分布来看，东路惠、潮二府设有碣石、潮州2卫，辖8沿海守御千户所；中路广州府设有南海、广海2卫，辖4守御千户所（按，海浪所属西路）；西路高、雷、廉、肇、琼五府共有4卫，辖17守御千户所。可以看出，广东沿海地区卫所的设置呈现出东、西路密集而中路稀疏的特点。此外，若是见之于沿海卫所的设置时间，这种情况恰恰折射出明初海防东、西重而中路轻的态势。

3.从各沿海卫所的驻地的地理空间考察，卫所大多设于沿海水陆交通要隘、海口、湾澳，半岛、海岬对峙之处，根据陆地形势，形成线状、环状结构，并有明确的分巡信地。卫之驻地适中，主要是控制大范围的海湾、水道，统管周边所辖千户所。南海卫设在东莞县城，控制伶仃洋及珠江口水道；潮州卫设在潮州府城内，控制溯还而上的韩江水道；碣石卫控制碣石湾；广海卫控制大小金门海；神电卫控制广州湾；雷州卫治所设在雷州府，控制雷州湾；廉州卫控制钦州湾及龙门港。千户所主要是控制港口、水道、贸易据点或登陆点。如海门、新会、阳江、宁川等所，自东向西分别控制着练江、西江、漠阳江、吴川水等入海口。东莞所设在南头，控制外洋商船进入珠江口的主要航道；蓬州所治于夏岭，以扼商夷出入之冲；永安所地处珠池东北缘，保卫珠池的安全；大城、靖海、平海、捷胜、大鹏、双鱼等所皆地处港湾海角，控制各处港澳；在雷州半岛，环形设置的锦囊、海安、海康、乐民四所，环海南岛设置的清澜、万州、南山、儋州、昌化、朱崖等所[①]，皆控扼沿海要隘。

4.从沿海卫所驻地的迁变情况而言，沿海卫所的驻地自设立之后便少有迁移，相较于明代广东海防高层指挥体系之总督、总兵、参将的驻地经常发生迁移变换的情况（见下文），卫所驻地则具有极强的稳定性。

---

① 李爱军、吴宏岐：《明嘉靖、万历年间南海海防体系的变革》，《中国边疆史地研究》2013 年第 2 期。

明洪武初期，军力强盛。广东沿海地区卫所所领海防军队与钟福全、李夫人等进行过几次海战，效果显著[①]。洪武末年，海防战略思想日趋保守，沿海卫所分置，各自承担海上巡防任务，或停止巡海，虎头门寨等海岛军事据点亦逐步撤回陆地。在海禁政策的主导下，明廷将沿海居民内徙，如处在广东战略枢纽地位的南澳岛，洪武二十六年（1393）"居民为海倭侵扰，奏徙，遂虚其地"[②]。导致以后南澳岛等岛屿成为海贼、倭寇啸聚之地。明初，广东的海上、港湾、岸防等多层次的海防体系逐渐退化为凭借卫所堡垒以岸防为主的军事防御体系。覆实而论，明代广东地区海岸线漫长、地形复杂，在沿海6000多千米的范围内，设置卫所为支撑的军事据点，并不能做到十分严密的防御。另外，明初命沿海卫所训练水师，但在卫所内部采取"三分防守、七分屯种"的管理方式。无陆军和水军的专门区分，卫所配置的船只数量较少，卫所军士役占、隐匿、逃亡现象较多。明中后期，广东地区卫所在海防中发挥的功能逐渐减弱，水寨逐渐代卫所而起。

第四节　嘉靖末年六水寨的设置与演变

一　嘉靖末年广东海防形势

永乐至宣德年间，明国力强盛，加上和日本关系的改善，广东地区海防局势相对平静。正统以后，明国力衰弱，海防体系废弛，倭寇、海贼气焰嚣张。如天顺二年（1458）"海盗勾结倭寇，犯香山千户所，烧毁备边大船，杀总督备倭指挥杜信；正德年间，广东雷州倭寇、海贼经常入港抢劫，卫指挥同知张熹战死"[③]。自天顺至嘉靖初年，严启胜、魏崇辉、苏

---

① （明）郭棐：《粤大记》卷3《纪事类·海岛澄波》，《日本藏中国罕见地方志丛刊》，书目文献出版社1990年版，第42页。

② （明）黄佐：嘉靖《广东通志》卷14《舆地二》，岭南美术出版社2007年版，第361页。

③ 杨金森、范忠义：《中国海防史》，海洋出版社2005年版，第136—137页。

孟凯、黄秀山、许折桂等海盗先后窃发，但很快被官军剿灭[1]。另嘉靖元年（1522），葡萄牙商人因被拒绝在市舶贸易之外，强行驻扎屯门，试图建立贸易据点，并抢劫乡村行旅，与明海道副使汪鋐指挥的官军发生了屯门、西草湾之役。[2]

　　嘉靖中叶以后，东南沿海海贼、倭寇更为猖獗，卫所海防体系已无法应对颇为严峻的局势，军事改革势在必行。戚继光、俞大猷等先后招募编练新军，在沿海建立水寨，打击倭寇。随着闽、浙剿倭的军事胜利，自嘉靖末期至万历年间。倭寇自闽、浙突入潮揭，与当地吴平、许栋等海盗勾结，进攻潮州、揭阳、蓬州、新安、广海、双鱼、雷州等广东沿海卫所，并且盘踞海岛，流毒海滨，广东地区成为海患发生的重点区域。"自嘉靖壬子以来，倭奴为中国无赖勾引，闽及广潮海之间，为被其患。然尚倏来倏去，至嘉靖癸亥，则屯住揭阳海滨，不复开洋，号众万余，新倭万余继至，与旧合伙，屠戮焚劫之残，远近震骇。"[3]对明代广东地域的社会秩序构成了严重的挑战。在此背景下，设置水寨，重建海防体系，势所必然。

二　六水寨的设立及其演变

　　相对于浙、闽等环东海地域在明初便已设立水寨的情形，以广东为中心的南海地区水寨的设立则晚至嘉靖末年。然而，早在宣德七年（1432）便有人提出在广东沿海设立水寨，只是终未行成。时任广东监察御史陈讷奏：

　　　　广东海洋广阔，海寇屡出为患。往者调遣官军五千人，海船五十艘，出海巡捕，二十余年多被漂没，无益警备。请如福建设立水寨于潮州碣石、南海、神电、广海、雷州、海南、廉州八卫海道

---

①　（明）郭棐：《粤大记》卷3《纪事类》，岭南美术出版社2009年版，第43—44页。

②　《明史》卷325《佛郎机传》，中华书局1974年版，第8433页。

③　（明）应槚、刘尧诲：《苍梧总督军门志》卷21《讨罪五》，学生书局1970年版，第829页。

冲要之处，官军操舟就粮守备，每寨用指挥一员督之，仍委都指挥
一员总督以备寇。且整饬腹里诸卫官军以备应援。上谓尚书许廓
曰：凡事虽有变通，然亦不可不慎，官军巡海已非一日，令欲立水
寨未知果利便与否，宜令广东三司及巡按御史定议以闻。[①]

此次议设水寨未果，便没有再出现类似的声音。直到嘉靖末年，由于
"倭夷窃发，连动闽浙，而潮惠奸民趁时勾爨，外勾岛夷，内结山巢，兹
其凶虐，屠城铲邑，沿海郡县殆人人机上矣。各该卫士水军，鱼鳞杂混，
曾不能一矢相加，而材官世胄皆奉头幸免，虽有郡县额籍壮丁，而反为贼
用。故节该历任军门吴桂芳等，议设六水寨。"[②]据此，广东沿海水寨的设
置自吴桂芳任总督始。吴桂芳在《请设沿海水寨疏》中说：

照的广东一省十府，惟南雄、韶州居枕山谷，其惠潮广肇
高雷廉琼八府地方皆濒临大海，自东徂西相距数千余里。内通闽
境，外接诸番，倭夷海寇窃发靡常，出没非一。然向因牵于山
寇，素无海捕官兵。……浙、闽、广同一海也，而广之海独为
延袤，较浙倍之，较闽三倍矣。而近自倭患以来，浙有六水寨，
闽有五水寨，每寨兵各数千，楼船各数十，既朝除把总，官分
领之，复参将、总兵官总统之。此浙、闽海上奸人，所以无所容
也。今广东素无水寨之兵，遇有警急方才招募兵船，委官截捕。
夫贼起然后募兵，则卒非素练，安可以其决战？贼灭而兵即散，
则不旋踵而贼复入矣。即今平贼，虽报败没，然传闻不一，未敢
信凭……必须早定水寨之筹，使可以永弭海洋之警。何者，沿海
皆兵，楼船相望，一寨报警，诸寨趋之。……臣等会同议照兵家

---

① 《明宣宗实录》卷87，宣德七年二月庚寅。
② （明）应槚、刘尧诲：《苍梧总督军门志》卷5《舆图》，学生书局1970年版，第
347页。

之道，伐谋为上，御戎之本，守备为先，所据海盗沸腾，连年不
息，始由水寨不设，知我无备故也。今须照浙、闽事例，大加振
刷，编立水寨，选将练兵，使要害之所，无处无兵，庶奸匿无所
自容，而海波始望永息。①

在吴桂芳看来，浙、闽之所以海上奸人无所遁形，实因为两省水寨
制度完备，海军力量强大，而广东则无此制度，一旦遇贼入犯，才匆忙招
募军队，购置战舰，加之招募军队训练无素，难以抵御海寇入侵。针对于
此，他提出在广东设立水寨，并提出了设立水寨的位置。

照的广东八府滨海，而省城适居东西洋之中。在其东洋称
最厄塞者，极东曰柘林，与福建玄钟接壤，正广东迤东门户。稍
西曰碣石，额设卫治存焉。近省曰南头，即额设东莞所治，先年
设备倭都司于此。此三者广东迤东海洋之要区也。西洋之称厄塞
者，极西南曰琼州，四面皆海，奸究易于出没，府治之白沙港，
后所地方，可以设寨。极西曰钦廉，接址交南，珠池在焉，惟海
康所乌兔地方，最为厄塞。其中路遂溪、吴川之间曰白鸽门者，
则海艘咽喉之地。此三者广东省迤西海洋之要区也，以上六处皆
立水寨。②

在此次议设情形下，嘉靖四十五年于上议六处地方设立六水寨，今据
《苍梧总督军门志》列表如表3—3：

---

① （明）吴桂芳：《请设沿海水寨疏》，《明经世文编》卷342《吴司马奏议》，中
华书局1962年版，第3671页。
② 同上书，第3672—3673页。

表3—3 明代广东水寨

水寨名	水寨驻地	今址	建立时间	备注
柘林	潮州饶平县南大尖峰西南	饶平县东南柘林镇	嘉靖四十五年	
碣石	惠州碣石	陆丰县东南碣石镇	嘉靖四十五年	
南头	广州南头	宝安县西南头	嘉靖四十五年	
白沙	琼州白沙港	白沙港	嘉靖四十五年	
乌兔	雷州海康所乌兔地方	雷州市康港圩	嘉靖四十五年	万历初裁革
白鸽门	雷州	湛江市麻章区通明港		

以上六水寨的设置，终明一代无甚大变化，唯乌兔寨因海防地理因素而被裁革。在同一时间，阳江地区因经常受倭寇海盗入侵，因而增设北津水寨。后又增设莲头、限门、海朗、双鱼四水寨。

万历四年，凌云翼任两广总督时（万历三年至万历六年），裁革乌兔水寨增设北津水寨，其在《酌时宜定职掌以便责成以重海防疏》中曰：

惟阳电一带为倭夷、海寇出没之冲。先年属白鸽门寨信地。缘兵寨地阔，管顾不周，今年双鱼、神电连致失陷，虽经前督臣以抚民设寨把守，乃一时权宜之计，未为万全。如将西路巡海参将改为海防，于此增设一水寨，名曰北津寨。……查得乌兔一寨，僻在海角，虽近珠池，自由官军防守，如听雷廉参将委协总一员，带领兵船十只，移扎海康所更番驻守，自无它虑。将乌兔寨裁革，计得官兵一千五百五十四员名，就移为阳电参将之用。[1]

此外，又有莲头、限门二寨之设立。莲头寨在电白县南，隆庆六年平倭后建。限门寨则是万历二十九年（1591）因倭警，借调莲头寨部分兵力，于

---

① （明）凌云翼：《酌时宜定职掌以便责成以重海防疏》，（明）应槚、刘尧诲《苍梧总督军门志》卷26《奏议四》，学生书局1970年版，第1233—1235页。

吴川县南五里设置。之后移北津右司兵力，增强莲头、限门二寨之防守[①]。

又冒起宗在《阳电山海信防图说》中提道："阳电地方……以水信言之……设有海朗、双鱼、限门、莲头四水寨，扎船分守扼要哨防，此则海防之大略也。"[②]此处又增加了海朗、双鱼二水寨，但并未明确其设立的时间。复检道光《广东通志》，其中便提道：

> 万历初，设立北津寨为重地……二十八年以后，复划界为守，以海朗寨官军分守汛海……双鱼寨官兵分守汛海。

据引文判断，似乎海朗、双鱼二水寨的设立时间在万历二十八年（1590），笔者能力所及，未能找出更多材料支持是说，姑从之。

沿海六水寨设置在要冲港湾，一些险要湾澳地带亦委派分哨驻扎，一般分为二至四哨，但并不逐港逐澳分布，以免防守分散，一遇到贼警难以迅速集中。出海巡防战船设水寨红、黄、蓝、黑、白五色旗号，各有明确巡防信地，分区防守巡哨（详第八章）。

明朝末年，随着广东地区海防战事的减少，六水寨体系虽沿袭下来，但其兵力、战船都一再裁减。以南澳游兵为例，原有兵船40艘，官兵1835名，到天启二年（1622）尚有兵船34只，官兵874名，至崇祯十年（1637）兵船只剩8艘，官兵721名[③]。随着明末葡萄牙人窃据澳门，给广东海防带来新的威胁，天启元年（1621），前山寨设参将驻扎，陆军700名，水军1200名，哨船50艘，分戍石龟潭、秋风角、茅湾口、横州、九州岛洋、老万山、狐狸洲、金星门等地，而前山寨中大部分兵船是从南头水

---

① 万历《高州府志》卷2《备戎》，岭南美术出版社2009年版，第31页。

② （明）冒起宗：《阳电山海信防图说》，（明）顾炎武《天下郡国利病书·广东中》，上海书店1985年版，第10页。

③ （明）顾炎武：《天下郡国利病书·福建·南澳游兵》，《四部丛刊三编·史部》，上海书店1985年版，第114页。

寨分出[①]。

　　从明代广东地区海防的发展进程来看，六水寨的设置使明代的海军编制从传统的陆军编制中分离出来，成为新的兵种。六水寨海军兵力和兵船数量大大超越前代，并编制《水军操令》，进行规范的训练。六水寨成为广东海上防御的第一道防线，加强了明代广东地区海防的纵深性和层次性，在剿灭倭寇、海贼的过程中发挥着独特的作用。

---

　　① （清）印光任、张汝霖：《澳门纪略》上卷《官守篇》，成文出版社1968年版，第78页。

第四章

明代两广总督府址变迁与广东陆海防御空间

明代两广总督之设立及其府址的迁移，不仅是明代岭南政区地理格局变化中的大事，而且与两广地区军事地理形势尤其是广东海防地理形势的变化密切相关。两广总督始设于景泰三年（1452），对此学界已成定论，殆无异议。但就两广总督定驻梧州的时间问题，史书记载颇异，今人也持不同观点，或说成化元年（1465）①，或说成化五年（1469）②。明代晚期，两广总督府址几经迁移，但关于迁移次数、时间和地点、原因等，更是众说纷纭，令人莫衷一是③。上述问题的存在影响了相关问题的深入研究，所以值得再作进一步探讨。

---

　　①　靳润成：《明朝总督巡抚辖区研究》，天津古籍出版社1996年版，第120页；郭红、靳润成：《中国行政区划通史·明代卷》，复旦大学出版社2007年版，第809页；刘伟铿：《明代两广总督对澳门商埠的设置和管理》，《学术研究》1997年第2期。
　　②　蒋祖缘：《明代广东巡抚与两广总督的设置及其历史地位》，《学术研究》1999年第2期；颜广文：《明代两广总督的设立及其对粤西的经营》，《学术研究》1997年第4期。
　　③　目前学术界有两种观点：一种认为终明一代，两广总督府址仅迁移一次，即嘉靖末年移驻肇庆（如颜广文《明代两广总督的设立及其对粤西的经营》，《学术研究》1997年第4期；刘伟铿《明代两广总督对澳门商埠的设置和管理》，《学术研究》1997年第2期；蒋祖缘《明代广东巡抚与两广总督的设置及其历史地位》，《学术研究》1999年第2期；任志强《两广总督府驻肇庆期间对肇庆府的积极影响》，《社科纵横》2011年第6期）；另一种则持嘉靖四十五年移肇庆、隆庆四年移惠州、万历二年移潮州、寻复移肇庆、明末移广州的五次迁移说（参见郭红、靳润成《中国行政区划通史·明代卷》，第810页；靳润成《明朝总督巡抚辖区研究》，第120页）。

第一节　两广总督定驻梧州的时间及其原因

明代两广总督自景泰三年（1452）初设至定驻梧州期间一直处于因事而设、罢置不常的状态。同时，由于定驻梧州之前，总督是因军事行动临时差遣的性质，所以并无固定驻地，而是否开府（即设置衙署）则是判断总督是否定驻的基本依据。

关于两广总督定驻梧州的时间，史书记载略异，大体有如下三种说法。

一　成化元年（1465）说

关于此说，有多条相关史料记载。万历《明会典》载："两广总督于成化元年命兼巡抚，定于梧州驻扎，处置瑶、僮流贼一应事物，听便宜行事，各该将官并三司官悉听节制"①；《续文献通考》："成化元年兼巡抚事，驻梧州。"②《明史·职官志》："成化元年，乃兼巡抚事，驻梧州。"③今人说两广总督成化元年（1465）驻于梧州者，皆本于此。

然而，成化元年（1465）说并不可信。首先，据相关考证研究，明代两广总督在景泰三年（1452）始设，天顺三年（1459）罢，天顺八年（1464）复置④。其后，又于成化五年（1469）十一月乙未罢，同年同月己亥复置，这期间也曾有过短暂的罢而复设的情况⑤。足见两广总督自景泰三年至成化五年这段时间内的建置并不稳定，处于临时差遣、罢置不常的状态，因此也就很难谈及有固定的驻地。其次，万历《明会典》、《续文献通考》、《明史·职官志》三书的记载看似一脉相承，但其实却

① （明）申时行：万历《明会典》卷209《都察院》，中华书局1989年版，第1040页。
② （明）王圻：《续文献通考》卷53《职官三》，商务印书馆1936年版，第3288页。
③ 《明史》卷73《职官二》，中华书局1974年版，第1774页。
④ （清）吴廷燮：《明督抚年表》卷5，中华书局1982年版，第648—650页；张德信：《明代职官年表》，第三册《总督年表》，黄山书社2009年版，第2323—2341页；靳润成：《明朝总督巡抚辖区研究》，天津古籍出版社1996年版，第119页。
⑤ 《明宪宗实录》卷73，成化五年十一月乙未、己亥。

略有歧异，万历《明会典》称"定于梧州驻扎"，而《续文献通考》及《明史·职官志》则仅仅说是"驻梧州"，显然后两书对万历《明会典》的说法有所修正。问题的关键正在于一个"定"字。从成书时间来看，万历《明会典》大致为万历十五年（1587）始竣①，而《续文献通考》大致成书于万历三十年（1602）前后②。王圻修《续文献通考》当是参考了万历《明会典》，但他将"定于梧州驻扎"改为"驻梧州"，可见在王圻眼中，成化元年两广总督进驻梧州仍为临时差遣性质，并没有固定驻地。清人在纂修《明史》时，倾向于认同《续文献通考》的表述，同样也删去了"定"字。由此看到，万历《明会典》所说"两广总督于成化元年命兼巡抚，定于梧州驻扎"云云，就成了孤证，自然不可轻易从之。

二　成化五年（1469）说

此说亦有多条相关史料记载。据《苍梧总督军门志》记载：成化五年（1469）冬，"广东巡按监察御史龚晟、按察司金事陶鲁、林锦奏言：两广事不协一，故盗日益炽，宜设大臣提督兼巡抚，而梧州界在两省之中，宜开府焉。于是起复（韩）雍为右都御史、总督两广军务兼理巡抚，平江伯陈锐挂征蛮将军印、充总兵官，与（陈）瑄开府于梧，两省巡抚都御史复革。"③另外，《明宪宗实录》成化五年（1469）十一月乙未条亦云："设总府于梧州府，总制两广地方。时都御史韩雍以忧去两广，贼势复张。"④今人持两广总督成化五年（1469）开府梧州者，多本于此。

成化五年（1469）说看似证据确凿，其实也有值得认真推敲之处。因为，从相关史料记载来看，虽然成化五年十一月"开府于梧"或者"设总

---

① （明）沈德符：《万历野获编》卷1《重修会典》，伟文图书出版有限公司1976年版，第71页。

② 李峰：《王圻〈续文献通考〉的史学成就探析》，《中国文化研究》2007年秋之卷。

③ （明）应槚、刘尧诲：《苍梧总督军门志》卷1《开府》，全国图书馆文献缩微复制中心1991年印，第15—16页。

④ 《明宪宗实录》卷73，成化五年十一月乙未。

府于梧州府"的方案尽在三个月后的成化六年（1470）二月得到了实施，但无论如何，总督府衙的营建是在次年才得以最终完成（详后）。成化五年并未能建成总督府衙，两广总督自然无法入驻，故而仍然是居无定所的局面。因此如果认为两广总督在成化五年（1469）就开府于梧州，就略显勉强了一些。

三 成化六年（1470）说

此说也见之于诸多史料记载，如明人戴璟《广东通志初稿》就记载"（成化）六年开设总府于梧州，总制百粤"①，郭棐《广东通志》略同②。此说素未引起今人的注意，其实最为接近事实。

关于两广总督开府梧州之事，一般认为是起因于按察司佥事陶鲁、巡按监察御史龚晟等人在成化五年十一月建议"宜设总府于梧，简命大臣一人兼制两广"③。其实早在成化四年（1468）三月，韩雍在两广提督任上便已经提出了开府梧州的想法，《明宪宗实录》成化四年三月戊子条载："雍奏两广地方广阔，军民事繁，一人不能遍历，乞各增文职大臣一员，分理巡抚，仍命文武重臣各一员，专在两广接界梧州府驻扎，提督军务，总制军马"④。但是没来得及得到朝廷的回应，成化五年（1469）春，韩雍便以丁忧去官，这件事情遂搁置下来。直到当年十一月，因两广"贼势复张"，才被陶鲁等人重新提出，于是"以太监陈公总镇两广"，起复韩雍"总督两广军务兼理巡抚……未几，复以平江伯陈公锐挂征蛮将军印充总兵官镇守两广，同开总府于梧，便宜行事，两广副将以下俱听节制……

---

① （明）戴璟：《广东通志初稿》卷3《政纪》，《北京图书馆古籍珍本丛刊》第38册，书目文献出版社1996年版，第64页。

② （明）郭棐：《广东通志》卷6《纪事五》，《四库全书存目丛书·史部》第197册，齐鲁书社1996年版，第135页。

③ 《明宪宗实录》卷73，成化五年十一月乙未。

④ 《明宪宗实录》卷52，成化四年三月戊子。

地方大计则悉取决于总府"①。此时朝廷决定于梧州开设总督府和总兵府，并着手相关衙署的建造，但在古代的交通条件下，朝廷指示之下达需时较长，加之总督府、总兵府之建设工程浩大，牵涉诸多方面，工程准备尚需时日，再者，是时已进入冬季，天气转寒，施工颇为不便，故开工时间推迟至成化六年（1470）四月二十六日，不过建造府衙用了一年多时间，"落成于成化七年（1471）五月十八日"，"府之正堂五楹，题曰'总制百粤之堂'，后作亭曰'同心'，门三楹，左右厢房各五楹"②。正因如此，《苍梧总督军门志》明确地说总督府是"总督都御史居之，成化六年建，在梧州府城东北"③。总兵府大概也是同时期建成的，"总兵侯伯居之，成化六年建，在总督府右"④。此之谓"成化六年建"者，实为总督、总兵府衙署建设之动土开工的时间，其最终建成当在成化七年。建成以后，总督、总兵才可以正式入住办公，也才能真正实现"开府"的工作。因此，虽说戴璟、郭棐等人所记"成化六年（1470）开设总府于梧州，总制百粤"之说法，当更接近事实一些，但成化七年才是两广总督"开府"梧州的确切之年。自是之后，两广总督常置不罢，梧州作为两广总督的固定驻地直至明代晚期才有所变化，所以笔者认为，总督府在梧州府城东北建成于成化七年，才是两广总督真正意义上的首次开府。

明代两广总督首次开府选择在梧州，这并非偶然。推究其原因，主要有以下几个方面：

首先，梧州地处西江上游，介于两广之中，具有优越的宏观地理形势和微观地理条件。从两广地区的自然地理形势而言，其地势总体上自西北向东南倾斜，西江自西而东，奔流入海，而萌诸岭、大桂山、云开大山、沟漏山、六万大山诸山自东北向西南倾斜，天然地将岭南地区分

---

① （明）韩雍：《襄毅文集》卷7《总府开设记》，《文津阁四库全书·集部》第426册，商务印书馆2005年版，第244页。

② 同上。

③ （明）应槚、刘尧诲：《苍梧总督军门志》卷1《开府》，学生书局1970年版，第16页。

④ 同上。

作东、西两个部分，自宋代时便以这些自然地理屏障将岭南地区划分为广南东路和广南西路，奠定了后世广西和广东的政治地理格局。梧州地处广西、广东分界之处，又位于西江上游之浔江、桂江诸支流的交汇之处，扼守着两广的军事要冲。对此，韩雍在《开设总府记》中有精辟之评论："维梧州介乎两广之中，水陆相通，道里均。群山环拱，三江汇流，岭南形胜，无可比拟。总府之基，其山自桂岭而来，至梧城中尽而复起，巍然特出，状如磐石，登临远眺，一目千里。"①建议开府梧州的陶鲁也提到，梧州"可扼百粤之吭，若于此建立总制衙门，则臂指可使，最为喫紧"。②从微观地理条件上来看，明代的梧州府城处于今浔江与桂江交汇地带的东侧，受科氏力影响，两河流左岸堆积旺盛，为梧州城的建设提供了良好的地理基础。同时梧州城北靠大云山，西、南两面分别为桂江和浔江环护，同样也构成了良好的天然屏障。正如清人所说："梧州城东北枕大云山麓，嵯峨葳蕤，西襟桂江，南带祥牁之水（浔江），可谓因地利，扼要冲矣。"③

其次，梧州也是控制岭南少数民族分布地区的要害之处。明人赵瑊称："襟长江，枕高阜，雄跨百粤，远通诸峒，为西瓯之紧扼，据南海之上游，实蛮、獠出没之冲曩，西贼犯顺，四出寇钞，南渡蒙江，北抵韶岭，交涉于兹。朝廷特从宪臣请，开设总府以控制之。"④明人沈昌世也说："梧州内连溪峒，外控岭海，往者盗贼出没，江洋徭贼盘踞村峒，山贼啸谷，蛋贼窃珠，境土骚然。"⑤以梧州为中心，西江两岸皆为瑶、僮

① （明）应槚、刘尧诲：《苍梧总督军门志》卷28《碑文》，学生书局1970年版，第356页。

② （明）陶鲁：《请建总制开府两广疏》，载广东文征编印委员会编：《广东文征》卷2，第二册，广东文征编印委员会编印，1978年，第138页。

③ （清）吴九龄：乾隆《梧州府志》卷首《舆图》，《故宫珍本丛刊·广西府州县志》第7册，海南出版社2001年版，第26页。

④ （明）赵瑊：《创建戍兵营房记》，载雍正《苍梧志》卷3《艺文》，《上海图书馆藏稀见方志丛刊》第208册，国家图书馆出版社2011年版，第437页。

⑤ （明）沈德符：《西园闻见录》卷63《兵部十一·职方》，全国图书馆文献缩微复制中心1996年印，第1215页。

盘踞之地，如广东的泷水、旁罗、渌水等地，广西的左右江、断藤峡、郁林、浔洲、八寨等处，均是少数民族变乱常发之地，成化二年（1466）韩雍在《处置地方经久大计疏》就提到"断藤峡山周围六百余里，极是险峻，以此贼徒凭据为恶，贻患三广地方，累次官军不能剿平"[①]。一旦梧州控扼不当则立刻祸遍两广，甚至波及湖广、江西等地。如成化元年（1465），"广西流贼越过广东界，十郡强域，残毁过半，田亩荒芜，遗骸遍野，余民无几，道路几无人行，兵力衰微，民情惶惑。今贼徒日益延蔓，过广东者已至江西，在广西者又越湖广"[②]。成化三年（1467）方玭《重修梧州城记》中说："癸卯巳未之祸，此城先陷，而后南、东、西千里之地民蓄几空。"[③]从明代岭南地区防务的空间格局言之，大致分为两端：一为镇压两广境内瑶、壮、黎等少数民族和汉族的反抗；二为征剿沿海地区的倭寇和海盗。明代前中期的军事防御重心主要集中在肇庆以西的西江流域，而梧州正处于控制岭南少数民族分布地区的要害之处，因此成为两广总督开府定驻的首选之地。

再次，从岭南地区政治与军事权力的分异与制衡方面来看，广东和广西是唇齿相依、互为犄角，同时也存在东西相制的关系。然而明代景泰以前在广东和广西各置巡抚和总兵分理，两省各自为政，互不统属。一旦事发，流贼窜匿于两省之间，为害甚巨。但两省军政官员互相推卸责任，都不愿意出兵镇压，以致贻误时机，事态蔓延。陶鲁在《地方军务疏》中对此作了精辟的论述："广东、广西地方联络，譬犹一人之身，不可分拆。脱若军政分为二途，则如头足受害"；"两广地方山川联络，境界昆连而出，贼徒频年窃发，广东惟籍广西之兵力，广西亦籍广东之钱粮，彼此相资，利害相关，即目虽各有巡抚都御史一员分理，缘各官职事相等，

①　（明）应槚、刘尧诲：《苍梧总督军门志》卷23《奏议一》，学生书局1970年版，第243页。

②　《明宪宗实录》卷13，成化元年春正月甲子。

③　（明）方玭：《重修梧州城记》，收入雍正《苍梧志》卷3《艺文》，《上海图书馆稀见方志丛刊》208册，国家图书馆出版社2011年版，第411页。

名分颉颃，凡遇会合军马，转输粮饷等项未免自分彼此，甲可乙否，偏执背驰，不肯协谋行事"，因此需要"简命一员，请敕前去总制两广军马钱粮，抚治军民。凡一应大小事务悉从便宜处置，就于梧州府设立总府，长期在彼驻扎控制，两广地方应该会议者仍于各该镇守巡抚等官计议而行，其两广总兵、巡抚等官悉听调度节制，不许偏执违拗。如此，庶几势合为一，事克有济"①。为了更好地应付两广地区少数民族的变乱，就必须解决广西、广东两省在军政治理上完全两张皮的现象，设立总督并开府于梧州，居中调度，东西兼治，就成为协调与制衡两省分权现象的必然举措。

第二节　两广总督府址迁移肇庆的复杂过程

自成化七年（1471）以后，梧州作为两广总督的驻地一直持续了较长的时间，大约110年后亦即在万历八年（1580），两广总督府址又由梧州迁移肇庆。

关于两广总督移驻肇庆的时间，史书有两种似是而非的记载。其一是嘉靖四十三年（1564）说。如崇祯《肇庆府志》曰："嘉靖四十三年（1564），督府始移驻肇庆府，自成化以来，总督府设于梧州。嘉靖间，吴桂芳分守岭西及升都御史，遂以旧抚按行台建督抚行台，移居之，是后皆居于此。"②后世学者大多信从此说③。其二是嘉靖四十五年（1566）说。万历《明会典》记载说："嘉靖四十五年以广东有警，命总督止兼巡

　　① （明）陶鲁：《地方军务疏》，见应槚、刘尧诲《苍梧总督军门志》卷23《奏议一》，学生书局1970年版，第1003—1009页。
　　② （明）陆鏊等：崇祯《肇庆府志》卷2《纪事二》，《日本藏罕见中国地方志丛刊续编》第12册，北京图书馆出版社2003年版，第314页。
　　③ 刘伟铿：《明代两广总督对澳门商埠的设置和管理》，《学术研究》1997年第2期；蒋祖缘：《明代广东巡抚与两广总督的设置及其历史地位》，《学术研究》1999年第2期；任志强：《两广总督府驻肇庆期间对肇庆府的积极影响》，《社科纵横》2011年第6期。

抚广西，驻肇庆"①；《续文献通考》所记略同②；《明史·职官志》也有类似说法："嘉靖四十五年另设广东巡抚，改提督为总督，止兼巡抚广西，驻肇庆。"③靳润成采用了这个说法④。

其实上述两种说法都有可商榷之处，皆误将两广总督移巡肇庆行台视作总督府迁至肇庆，不宜轻易信从。

成化七年（1471）定驻广西梧州期间，为东西往来巡行方便，又先后于广东境内建有两处总督行台，"一在广东会省西"，"一在肇庆府城东"⑤，此事史书明确之记载，但素未引起学界充分注意。

肇庆行台的前身是岭西分巡道旧址。成化七年（1471）韩雍开府梧州，但当广东寇发时则"遥制不便"，所以"檄岭西守巡，驻彼面授揆策，后改分巡专驻肇庆郡城，而分守则驻广城"⑥。虽然有岭西分巡道驻肇庆城，但是当新、庆、泷、会诸山猺狼贼煽起猖獗时，则"督抚岁卒提兵移镇"⑦，可见岭西分巡道的衙署也兼营有总督行台的功能。明邹光祚《肇庆府重修廨舍记》称："或谓肇庆两广扼塞，岿然巨镇。自韩襄毅公开行府，而文武冠盖之仪烨然盛矣。"⑧大概也是认为韩雍主政两广时，岭西分巡道具有总督"行府"之性质。

岭西分巡道建成之初，虽被总督借用为"行府"，但总督并不是经常移镇肇庆。随着两广防御形势的发展，至嘉靖中后期，总督移镇肇庆的频率逐渐提高，嘉靖十五年（1534）于分巡道旧址建抚按行台，嘉靖三十七

---

① 万历《明会典》卷209《都察院·督抚建置》，中华书局1989年版，第1040页。

② （明）王圻：《续文献通考》卷53《职官三》，商务印书馆1936年版，第3288页。

③ 《明史》卷73《职官二》，中华书局1974年版，第1774页。

④ 靳润成：《明朝总督巡抚辖区研究》，天津古籍出版社1996年版，第120页；郭红、靳润成：《中国行政区划通史·明代卷》，复旦大学出版社2007年版，第810页。

⑤ （明）应槚、刘尧诲：《苍梧总督军门志》卷1《开府》，学生书局1970年版，第18页。

⑥ （明）郑一麟：万历《肇庆府志》卷10《建置志》，岭南美术出版社2009年版，第188页。

⑦ （明）陆鏊等：崇祯《肇庆府志》卷32《艺文七》，《日本藏罕见中国地方志丛刊续编》第16册，北京图书馆出版社2003年版，第252页。

⑧ 同上书，第260页。

年（1558）吴桂芳分巡岭西，驻扎肇庆，"增宅一区，书舍一区，厨爨厕
溷鳞次，分列堂之前"，并且"移家入居之，志无内牵，事不遥庆。自是
地方缓急，始调度称便矣"①。嘉靖四十三年（1564），张臬卸任两广总督
后，吴桂芳以兵部尚书右侍郎兼佥都御史继任，遂将岭西分巡道旧址正式改
建为总督行台，《苍梧总督军门志》明确说肇庆行台是"嘉靖四十三年吴桂
芳以旧岭西分巡道改建"②。由此可见，嘉靖四十三年总督府并没有移至肇
庆，只在此正式设立了总督行台，以备不时东巡之需要。

自嘉靖四十三年（1564）始，吴桂芳在两广总督任上便频繁移驻于肇
庆，这与当时的海防形势密不可分，郭自章《潮州杂记》载："嘉靖癸亥
（1563），则屯住潮、揭海滨，不复开洋，众号一万，甲子（1564）春，
新倭万余继至，与旧合伙，屠戮焚掠之惨，远近震骇。桂芳新简来镇，莅
苍梧甫二旬，即躬董师东向"③，足见此时因戡倭之需，总督要常离开梧州
的总督府而移镇东方。而在吴桂芳之前，已有总督两广军务者一年中大部
分时间居于肇庆，据吴桂芳称："（总督）一岁之间，自秋徂冬盖居端者
大半，于是山阴王公以廨宇湫隘未可久居，议兴增缉。"④这就说明，虽然
从总督居住时间上看，此时略已显现肇庆取代梧州之趋势，但仍不能改变
其行台性质。

那么，总督府嘉靖四十五年（1566）移驻肇庆说是否可信呢？答案同
样是否定的。

对于嘉靖四十五年（1566）设广东巡抚、改提督为总督事，《明
史》、万历《明会典》、《续文献通考》的记载大略相同，均认为"总督
止兼巡抚广西"的同时移"驻肇庆"。不过，《明世宗实录》则说是"暂

---

① （明）郑一麟：万历《肇庆府志》卷10《建置志》，岭南美术出版社2009年版，
第189页。

② （明）应槚、刘尧诲：《苍梧总督军门志》卷1《开府》，学生书局1970年版，第18页。

③ （明）郭自章：《潮中杂记》，潮州地方志办公室，2003年，第63页。

④ （明）郑一麟：万历《肇庆府志》卷10《建置志》，岭南美术出版社2009年版，
第189页。

设广东巡抚，改提督军门为总督两广军务兼理粮饷巡抚广西地方"①，对移驻肇庆之事只字未提。另外，据王世贞《弇山堂别集》中说"嘉靖四十五年因两广寇发，遥制不便，兵部题准总督军务止抚广西，于广东另设巡抚"②，亦不提移驻肇庆的事情。重修于万历八年前后的《苍梧总督军门志》详载明代两广督抚始末，也未见言及嘉靖末总督府迁移肇庆之事。以常理言之，总督府址的迁移关涉所辖区域军事防务格局的重大变化，不可能被忽视，但《明世宗实录》等书均未及之，颇疑《明史》等书所谓移"驻肇庆"说有误。隆庆四年（1570）任两广总督的李迁所作的《谷阴亭记》为这个推断提供了一个有力的证据：

> 隆庆庚午七月至端州，会兴师西伐古田，东剿苏鲁诸贼，羽檄交驰，身复多病，甫百日复还苍梧。明年春两功皆告成，再莅兹署，时渐暄燠，顾堂室无多余，求一退食燕息之所，弗得也，余益病焉。③

谷阴亭在肇庆总督行台署内，隆庆四年（1570）七月李迁因战事紧张而暂驻端州（肇庆），不久便因病返回苍梧（梧州），可见梧州仍然是两广总督的正式驻地。第二年（1571）春他又到肇庆，此时"堂室无多余"，甚至于连一个"退食燕息"之所都找不到。这不仅说明，此时肇庆行台仍只是总督临时巡行寄居之所，不仅房舍有限，而且食宿条件也比较简陋。

另据《明穆宗实录》隆庆四年（1570）五月庚辰条记载：

> 裁革广东巡抚官，改两广总督李迁为提督兼广东巡抚事。

---

① 《明世宗实录》卷562，嘉靖四十五年九月丁巳，第9015页。

② （明）王世贞：《弇山堂别集》卷64《总督两广军务年表》，中华书局1985年版，第1197页。

③ （明）李迁：《谷阴亭记》，《广东文征》卷3，广东文征编印委员会1978年编印，第296页。

先是都给事中光懋言：两广总督建置已久，开府苍梧坐镇东西两
省，居上游之地，握要害之区，调兵转饷势若连领，盖责成专则
推诿无词，事权重则掣肘勿虑，号令一则耳目不分，今更设二抚
臣不惟多官多费，适滋纷扰，而于人情驰骛，事势牵挽，尤为多
端。盖两广钱粮兵马止有此数，向尝以一提督用之则有余，今以
二巡抚参之则不足，况号多门，一遇有警辄彼此相仗，在提督则
曰彼有专职我难以遥制也，在巡抚又曰彼乃兼统我不可专制也，
宜革抚臣，复提督便。①

光懋在上言中着重指出了梧州地理位置独特性，并强调其作为两广总
督驻地的重要性。很明显，在他上言之时总督驻地仍在梧州。光懋其人，
据《明穆宗实录》记载，隆庆二年（1568）九月以推官授给事中，三年
（1569）正月为吏科给事中，三年五月为刑科右给事中，四年（1570）二
月为吏科左给事中，旋即升为吏科都给事中，至当年五月仍在吏科都给事
中任上。因此，其上言时应在隆庆四年二月至五月之间，也就是说此间总
督府仍驻梧州。

再如隆庆五年（1571）两广总督李迁及广东巡按赵焞等奏："梧州地方
虽属广西，实两广要害故设立军门。"②可见此时两广总督府仍在梧州。

不过，随着军情发展的需要，后来肇庆行台的建设再次得到重视。万
历五年（1577），总督凌云翼于肇庆总督行台大兴其役："重建后堂五间
名曰广益，东西廊各七间，楼二间，东曰大观，西曰读书，亦各五间。又
建仪门、大门各三间，门外左坐营司、赏功所，右中军厅、医药局。"③此
时肇庆作为总督行台，建筑规模逐渐扩大，作为总督驻地所应具备的基础
设施渐趋齐备，但总督府仍未迁入。

---

① 《明穆宗实录》卷45，隆庆四年五月庚辰。
② 《明穆宗实录》卷58，隆庆五年六月癸丑。
③ （明）郑一麟：万历《肇庆府志》卷10《建置志》，岭南美术出版社2009年版，
第187—188页。

万历七年（1579），总督刘尧诲重建总督行台，次年即万历八年
（1580）完工，始完成总督府址的正式东迁之举。林大春作《改建端州督
抚行台碑》记其事云：

　　　万历七年十一月，大司马两广刘公新建督抚行台于端州，
越四月而行台成，百工毕，堂寝、门庭、廊庑、轩墀之属，高耸
深闳，弘敞壮丽，巍然为一方钜制。其是会有西征之役捷闻及，
既旋，遇大会两省藩臬大寮总帅将校而下，宾而落之。……盖
梧去岭东郡县甚远，又地属炎荒，暑气为烈，故自先朝以来，前
辈督抚诸公往往以夏月移镇端州，名曰避暑，而实以城彼东方
也。……方是州之有行台之称也，其初不过为襜帷蹔驻之地，来
往无时，人情因陋就简，遂不复兴更始，亦无怪者。刘公本三楚
豪杰，……至诸所举措，大都期于弘远垂久，不为一切苟且之
计，维兹行台既建，俨然与苍梧旧镇角立而峙，即西省有事直鼓
行而西耳，假令东省诸郡卒有不虞，亦可以传檄而致，自不至于
偏重遥制之患①。

从上面的引文可知，万历七年（1579）十一月，总督刘尧诲在肇庆
大规模重建总督行台，历时四月，大概在万历八年（1580）春季完工。新
建的行台，名义上仍称为"督抚行台"，但"诸所举措，大都期于弘远垂
久"，所以规模已非过去的旧有行台可比，"堂寝、门庭、廊庑、轩墀之
属，高耸深闳，弘敞壮丽，巍然为一方钜制"，显然是按总督府公署的标
准来建造的。

新行台建成伊始，总督刘尧诲就"大会两省藩臬大寮总帅将校而下"，
大概也是宣告新总督府址的落成。林大春称梧州总督府为"苍梧旧镇"，而

---

① （明）应槚、刘尧诲：《苍梧总督军门志》卷28《碑文》，学生书局1970年版，
第373—374页。

不再用"总府""总督府"这样的词汇，并盛言新行台的建成，结束了以前"督抚诸公往往以夏月移镇端州"、只将肇庆看作是"襜帷暂驻之地，来往无时"。这约略可见万历八年（1580）新建成的肇庆行台，虽仍用行台之名，但已有总府之实。这就是说，梧州总府与肇庆行台此时已互换了角色，两广总督府址实际上已在万历八年实现了由梧州向肇庆的东移。

万历八年总督府址由梧州迁移肇庆，其根本原因是受明代晚期岭南地区防务重心的东移所影响。明代前中期，"并力于西粤，以西乃岭表边鄙，为湖广藩篱，居东粤之上游，内环万山，徭僮渊薮，外陷交南诸蛮夷，郡县虽多，赋税实少，恒多资籍于东"[1]，军事防御的重心在广西，后勤则主要依赖广东，而梧州正好处于东西防御的咽喉位置，所以无论是赞理军务还是筹运粮饷军资，都最适合设总督府以居中调度。自成化以来，韩雍等历任两广总督对以大藤峡地区为主的"瑶乱"进行了大规模的镇压，广西形势得到一定程度的缓解。嘉靖初期，王守仁在广西田州、南丹、向武、上思、龙州等地"议立土官，建立衙门，以夷制夷"使得这一地区的少数民族"听招效顺，安居乐业"[2]。但是到嘉靖末年至万历初年，德庆旁罗瑶日益坐大，叛乱不止，广东西部山区又取代广西而成为动荡多事之地。嘉靖四十二年（1563），两广总督吴桂芳尽斩西江肇庆至梧州沿海及泷水沿江的原始森林，并沿江遍设重兵，营建寨堡，"且耕且守，于近嵊之地以屯，扼其往来之冲，撤其障碍，剪其羽毛"[3]，但是旁罗"瑶乱"并没有得到很好的缓解。至万历三年（1575），总督凌云翼调集十余万大军大举征剿，"诸部路兵号三十万，八道并进"，"破诸峒五百六十有四，俘斩四万二千有奇，拓地数百里，置郡县"。[4]随后对旁罗地区一直保持着强大的军事压力，至万历七年（1579），旁罗瑶民事变

---

① （明）张瀚：《松窗梦语》卷8《两粤纪》，中华书局1985年版，第162页。

② 同上。

③ （明）吴桂芳：《开伐罗旁山木疏》，《明经世文编》卷342，中华书局1962年版，第3670页。

④ （清）谷应泰：《明史纪事本末》卷61《江陵柄政》，中华书局1977年版，第949页。

基本得到平定。

　　嘉靖、万历之际，在旁罗"瑶乱"严重之时，沿海的海盗与倭寇也日益嚣张。嘉靖三十七年（1558）以前浙江、南直隶地区的倭患最为严重，之后倭寇转而南下侵扰，福建、广东沿海成为倭寇觊觎的重点。隆庆和万历前期，广东倭患较闽、浙、南直地区显得更为严重。据不完全统计，隆庆元年（1567）至万历六年（1578）之间，倭寇入侵浙江仅3次，南直隶1次，而入侵广东竟达11次之多，广东南澳、碣石、甲子诸卫所、广海卫城、澄迈、潮州、惠州、化州、新宁、高州、雷州、阳江双鱼所、大鹏所等地先后遭到侵扰①。与此同时，潮惠等海盗"外勾岛孽，内结山巢，恣其凶虐，屠城铲邑"②，使广东沿海地区的动乱形势愈演愈烈。"山贼每连海贼而出入，故所重在海"③，岭南地区防务的重心逐渐向东南沿海转移。为此，时任两广总督不得不重新考虑军事布防问题，先是"吴桂芳等议设六水寨，各统以参总，募土客兵，给与船器，专备追击"，后来"刘尧诲以南澳为闽广之交，议设副总兵以总两省舟师，协柘林、铜山二寨而守之"④。

　　当此之时，两广总督的首要任务已转为如何对付沿海的倭寇和海盗，而梧州远处内陆，"惠、潮山海寇时发，相去二千里，文檄往来，征调为难"⑤，在位置上就有些偏西，所以这一时期的历任两广总督才会不时移驻肇庆行台，以便从容控制局面。当万历七年（1579）旁罗"瑶乱"清剿，万历八年（1580）春肇庆行台重建工作完成之后，刘尧诲随即将总督府由梧州迁移肇庆，自然是合乎情理之举措。

---

　　① 范中义、张德信：《明代倭寇史略》，中华书局2004年版，第309—316页。

　　② （明）应槚、刘尧诲：《苍梧总督军门志》卷5《舆图三》，学生书局1970年版，第87页。

　　③ （明）张瀚：《松窗梦语》卷8《两粤纪》，中华书局1985年版，第166页。

　　④ （明）应槚、刘尧诲：《苍梧总督军门志》卷5《舆图三》，学生书局1970年版，第87页。

　　⑤ （清）阮元：道光《广东通志》卷188《前事略八》，上海古籍出版社1990年版，第3445页。

第三节　两广总督临时移镇惠州、潮州的相关问题

明代后期，两广总督曾先后移镇惠州、潮州，但这只能视作是总督的临时性移镇，不能算作是总督府址的迁移。

靳润成在《明朝总督巡抚辖区研究》一书中曾提出两广总督"隆庆四年移驻惠州府"之说①，其所本为两条史料：其一《明世宗实录》卷五六四嘉靖四十五年闰十月己亥条："命广东新设巡抚驻惠州城，有警驻长乐县"；其二是万历《明会典》卷二○九记：两广总督"（隆庆）四年……改为提督两广军务兼理粮饷巡抚广东"。根据这两条史料，靳氏的推论是："该总督既兼广东巡抚，亦当驻惠州府。"②

按，"隆庆四年移驻惠州府"之说系靳氏猜测之语，不可盲目信从。明代两广总督兼巡抚时其驻地不一定要跟着巡抚驻地迁移，通常仍是驻原地。如据前文考证，两广巡抚原驻桂林，嘉靖四十五年（1566）因广东有警，另设广东巡抚，而总督兼巡抚广西，但总督驻地仍在梧州（《明史》、万历《明会典》、《续文献通考》等说"驻肇庆"，不确）。

不过，在特殊时期因防务形势所迫，总督临时移镇惠州确有其事，如万历《惠州府志·郡纪事》嘉靖四十五年（1566）条云："两广都御史吴桂芳移镇至，桂芳江西南昌人，以征惠潮寇移镇至"；万历元年（1572）条又说："今上万历元年军门移镇惠州"③。康熙《惠州府志》亦记：崇祯四年（1631）"总督军门王业浩会题三省合剿山寇，移镇惠州"④。两广总督兼理两广地方重大事务，因形势需要常离开驻地移镇他处，但时间一

① 靳润成：《明朝总督巡抚辖区研究》，天津古籍出版社 1996 年版，第 120 页。

② 靳润成：《明朝总督巡抚辖区研究》，天津古籍出版社1996年版，第122页。参见郭红、靳润成《中国行政区划通史·明代卷》，复旦大学出版社2007年版，第810页。

③ （明）林国相等修：万历《惠州府志》卷2《郡事纪》，《上海图书馆藏稀见方志丛刊》第191册，国家图书馆出版社2011年版，第543、562页。

④ （清）吕应奎等：康熙《惠州府志》卷5《郡事》，岭南美术出版社2009年版，第93页。

般较为短暂，移镇之际，未闻有兴建总督署之事发生，恐怕只是借用当地已有的官署临时办公，所以不能算作是总督的正式移驻或者说是总督府发生了相应的迁移。

另外，靳润成也曾提出两广总督"万历二年移驻潮州府"之说，但考证不详①。据万历《明会典》卷二〇九称："万历二年以惠、潮有寇，暂移提督驻潮州，事平复归肇庆"②，《明会典》而外，笔者所见诸种重要史志均不书此事。

其实早在嘉靖三十八年（1559）由于倭寇大犯潮、惠地区，南赣巡抚范钦便曾奏请总督、总兵移镇潮州和惠州，《皇明御倭录》载："嘉靖三十八年……先是倭寇二十余人突犯饶平、海丰，攻破黄冈城，巡抚南赣都御史范钦等请责成两广军门移驻惠、潮，近地调兵剿御，事议掣肘，仍留谋勇将官一人领兵戍守。兵部言两广苗情反侧，又兼山寇出没，均宜周防，请命提督两广侍郎王钫、总兵曹松遴，委才将粮，联土兵三千驰赴剿贼，并戍守要害，当形势重大，径自移镇惠、潮，从之。"③可以看出，此时两广地区内地的少数民族反叛带来的军事压力要远过于沿海倭寇的威胁，故兵部建议只有"当形势重大"时方可"径自移镇惠、潮"。嘉靖末至万历初年，少数民族反叛情况得到缓解，但沿海地区海盗、倭患日炽。曾一本、余乾仁、林道乾等人称雄于广东、福建沿海，勾结倭寇，为害地方，粤东潮、惠诸地受害尤甚，隆庆元年（1567）时任两广总督的张瀚认为："诸郡独依潮为门户，故所急在潮"④。因此，万历二年（1574），为进剿闽、粤沿海地区的海寇，两广总督移镇于潮州，以便总揆军务。但这仍是临时性的移镇调度，并没有在潮州建立总督衙门。

事实上，潮州的海贼很快被平定下去，万历二年（1574）三月"广东

① 郭红、靳润成：《中国行政区划通史·明代卷》，复旦大学出版社2007年版，第810页。
② 万历《明会典》卷209《都察院·督抚建置》，中华书局1989年版，第1040页。
③ （明）王士骐：《皇明驭倭录》卷7，见《御倭史料汇编》第三册，全国图书馆文献缩微复制中心2004年印，125页。
④ （明）张瀚：《松窗梦语》卷8《两粤纪》，中华书局1985年版，第166页。

总兵张元勋讨潮州余贼，平之"；同月，"胡宗仁平良宝党林凤，于是惠、潮遂无贼"①。因此总督在潮州待了不到三个月便回到了肇庆，可见此次"暂移"，为时较短，确实属于临时移镇，动静不大，这可能是其他诸书不记载这件事的原因。显然，此次"暂移"，同样不能视作是两广总督府址的迁移。

无独有偶，嘉靖中后期浙江、南直隶沿海地区因戚倭之需，亦常发生总督移镇的情况。如嘉靖三十八年（1559年），给事中罗嘉宾等条上海防四事，其中一事说"定督抚驻扎，谓总督之权关系甚大，必所处适中乃可相机调度，请今后总督官如值风汛，或移宁台，或移嘉湖，迷心区划，务收战胜攻取之策"②。明人曹学佺称："时值春秋二汛，咸驾楼船，各备岛警，而总镇大帅亦视师海上，按期驻节，经制周矣。"③其所谓"总镇大帅"的"按期驻节"，盖即指总督在战时对相关战区要害之地的临时移镇而言。

需要指出的是，明代岭南地区防务重心的东移从根本上影响着两广总督府址的迁移的方向，但总督府具体要迁移何处，还要受到其他因素的制约。提督军务是明代两广总督的主要职能，但总督同时还兼管盐法、水利、粮饷、农桑、屯田、城池建设等诸多事务。在总督府址的区位选择上既要充分考虑到军事上"两广协济应援"的初衷，也要方便兼顾两广民政、经济等诸多事务，而潮、惠二府虽地当海防要冲，但却远离粤中经济发达地区，对于广东西部乃至广西地区的控制来说更显得鞭长莫及，故在海防事态严重时，总督有时临时移镇当地，督理军务，却不宜常驻当地。这便是惠、潮地区不能最终成为总督府址的根本因素。

<hr/>

① （明）夏燮：《明通鉴》卷66，万历二年三月癸巳，中华书局2009年版，第2343—2344页。
② 《明世宗实录》卷478，嘉靖三十八年十一月庚寅。
③ （明）曹学佺：《石仓全集·湘西纪行》下卷《海防》，台北汉学研究中心据日本内阁文库藏明刊本影印，1990年，第24页。

第四节　明代两广总督府址迁移广州与海防形势

明代中期，广州和肇庆一样设立了总督行台，其具体位置，《苍梧总督军门志》说是"在广东会省西"，该书记载行台衙署建筑的相关情况："正堂五楹，穿廊一楹，后堂一楹，左右耳房各三楹（天顺四年都御史叶盛创）。堂东为运筹堂，西为喜雨堂，东西厢房各三楹，仪门、大门三楹，门外赏功所前后六楹，左右官厅各三楹。南为官房，前后六楹（成化三年都御史韩雍建，嘉靖四十年前后堂毁，隆庆三年总督刘焘重建，万历四年总督凌云翼重修）。"[1]另据万历《南海县志》记载："提督行台，在县治左，即旧开元寺址。天顺四年总督都御史叶盛创；成化三年都御史韩雍增修，于东建运筹堂，于西建喜雨堂；万历二十五年都御史陈大科更辟其左，建壮猷堂，有事至省则居之。"[2]可见，广州行台始建于天顺四年（1460），先后于隆庆三年（1569）、成化三年（1575）、四年和二十五年（1597）进行过增修或重修，是两广总督临时有事至省城广州时的暂居之地。

关于明代两广总督府址迁移广州一事，史志无明确记载。靳润成根据《皇明职方地图表》卷上《广东职官表》所记"两广总督都御史驻广州"一语，认为明末移驻广州府[3]。按《皇明职方地图表》共三卷，是明末陈祖绶于崇祯八年（1635）任兵部职方司郎中时所著，据此总督府移至广州则应在崇祯八年（1635）以前，但具体时间仍不明晰。不过，相关史料记载显示，崇祯五年（1632）二月，熊文灿以"兵部右侍郎兼右金都御史总督两广军务兼巡抚广东"时[4]，修筑广州城西通往顺德、香山、新会等地的陆

---

① （明）应槚、刘尧诲：《苍梧总督军门志》卷1《开府》，学生书局1970年版，第18页。
② （明）刘廷元等：万历《南海县志》卷3《政事志·公署》，岭南美术出版社2009年版，第48页。
③ 靳润成：《明朝总督巡抚辖区研究》，第120—122页。
④ 《明史》卷260《熊文灿传》，中华书局1974年版，第6734页。

上道路，并撰有《修广州城西度海陆路碑记》一文，为我们解决这一问题提供了线索。其文中提到：

> 余奉命总督两广，维时九连余孽犹伏而待张，海上巨魁往还，掠温、台、漳、泉，薄我惠、潮张甚，而里海御人质子诸盗白昼充斥海隅，岁赋供输既虞，攻剽航海之旅，动若其篚而趋，于是江帆落落，盗益雄行，咫尺河干，皆成畏路矣！余居常住肇，节制潮、惠既遥，而耳目里海亦稍隔，犹移节广州，戒部武臣稀戈船统炮，筑椿门，御巨盗，潮、惠而廉，土盗窟穴，将擒渠散协，为里海廓清。[①]

从上引文可以看出，熊文灿原驻于肇庆，后因闽广沿海地区海盗寇扰形势严峻，但肇庆离潮、惠遥远，鞭长莫及，所以"移节广州"以镇守海防。那么崇祯五年（1632）的这次移驻是属于总督的临时移镇广州总督行台，还是将总督府正式移到省城广州呢？明崇祯十五年（1642）朱光熙等修崇祯《南海县志》卷二《政事志·公署》有"西察院行台在提督府后，即旧国庆寺"一语[②]，这里径呼为"提督府"而非"提督行台"，足见崇祯五年的这次"移节广州"当是总督府址的正式迁移，而非总督暂住。综上判断，明代两广总督府址迁移广州的时间应在崇祯五年（1632）。

从明代岭南地区的防务形势来看，两广总督开府梧州和迁驻肇庆从根本上受军事防务重心的东移所影响。但就明代末期广东地区的政治、经济形势而言，总督府由肇庆东迁于省城广州，则可能出于以下两个方面的考虑：

其一，进一步加强对葡萄牙殖民者的防御和对澳门市舶贸易的管理。

---

① （清）王永瑞：康熙《新修广州府志》卷50《艺文志·碑记类》，《北京图书馆古籍珍本丛刊》第40册，书目文献出版社1998年版，第1207页。

② （明）朱光熙等：崇祯《南海县志》卷2《政事志·公署》，岭南美术出版社2009年版，第223页。

明洪武实施海禁政策，在广东沿海设置诸多卫所，以加强对沿海地区的海防体系。永乐间解除部分海禁，设置市舶司；正德间由于葡萄牙人的入侵，发生了屯门之役和西草湾之役；嘉靖三十二年（1553），"舶夷趋濠镜者，托言舟触风涛缝裂，水湿贡物，愿借地晾晒，海道副使汪柏徇许之。时仅蓬垒数十间，后工商牟奸利者，始渐运砖瓦木师为屋，若聚落然"①。自此之后澳门迅速发展成为一个对外贸易的外港和国际贸易中继港，吸引了大量中外商民，"百工技艺趋者如市"②。至天启间更是筑城为卫，"闽粤商人趋之若鹜"③。在明末澳门地区商贸十分繁荣的背景下，葡萄牙人不断扩建房屋，加强军事设施，"增缮周垣，加以统治，隐然敌国"④，对中国内地形成了较大威胁。万历四十二年（1614）两广总督张鸣冈称："粤东之有澳夷，犹疽之在背也"⑤；万历四十六年（1618）总督许弘纲等上疏云："澳夷佛郎机一种先年市舶于粤，共税二万以充兵饷，近且移之岛中，列屋筑台，增置火器，种落已至万余，积谷可支战守，而更蓄倭奴以为爪牙，收亡命为腹心。"⑥可见至万历末年，窃据澳门的葡萄牙人越来越受到地方大员的关注。为此，早在嘉靖年间澳门开埠之初，明朝政府便设置提调、备倭、巡缉等"守澳"官员以便加强对澳门的防守和管理，后来相继以海道副使、市舶提举驻于香山，万历元年（1573）又设海防同知于濠镜澳以北之雍陌村⑦，万历二年（1574）又在澳门半岛北端设置关闸以控制居澳葡人之活动⑧。万历八年（1580）两广总督府迁至肇庆以后，虽然说较之原驻梧州更有利于控制澳门，但肇庆与澳

①　（明）郭棐：万历《广东通志》卷69《番夷》，岭南美术出版社2009年版，第700页。

②　（明）陈吾德：《谢山存稿》卷1《条陈东粤疏》，《四库存目丛书·集部》138册，齐鲁书社1996年版，第423页。

③　《明熹宗实录》卷11，天启元年六月丙子。

④　（明）郭尚宾：《郭给谏疏稿》卷1，中华书局1985年版，第13页。

⑤　《明神宗实录》卷527，万历四十二年十二月乙未。

⑥　《明神宗实录》卷576，万历四十六年十一月丙寅。

⑦　汤开建：《明朝在澳门设立的有关职官考证》，氏著《澳门开埠初期史研究》，中华书局1999年版，第174—202页。

⑧　吴宏岐：《澳门关闸的历史变迁》，《中国历史地理论丛》2013年第1辑。

门之间的交通条件显然不及广州与澳门之间便利。另外，广州与澳门之间其实也存在内外港的关系。所以，无论是从加强对葡萄牙殖民者的防御，抑或是加强对澳门市舶贸易的管理方面来说，广州较之肇庆都更具有地理位置上的优势。崇祯五年（1632）迁两广总督府驻广州，一个重要的原因当是为了适应澳门海防形势变化和商业地位不断上升的需要。

其二，适应明代中后期珠江三角洲商品经济迅速发展，尤其是广州作为明代广东地域政治中心、军事中心、经济中心的功能进一步加强的新局面。珠江三角洲是岭南地区最为主要的农业生产区。明代中期以来，珠江三角洲进入了一个迅速的开发期。通过河湖沿海筑堤围垦和沿海沙田、滩涂的开发，农业用地面积不断扩大；集约化的精耕习作，也大大提高单位面积的粮食产量。与此同时，随着人口的增长和对外贸易的发展，农业的商品化生产程度也逐渐提高，并带动了区域商业市镇的繁荣。明人孙蕡作《广州歌》曰："广南富庶天下闻，四时风气长如春。……砢峨大舶映云日，贾客千家万家室。"①商业的繁荣吸引全国各地商贾云集珠三角，如浙江商人"窃买丝绵、水银、生铜、药材一切通番之货，抵广（州）变卖，复易广货归浙"②。福建的"闽商聚食于粤，以澳（门）为利者亦不下万人"③。在商业的带动下，区域手工业也得到了长足的发展。佛山的冶铁业驰名全国，时人称"两广铁货所都，七省需焉，每岁浙、直、湖、湘客人腰缠万贯过梅岭者数十万，皆置铁货而北"④。珠三角的陶瓷业亦十分昌盛，屈大均提到"石湾之陶遍二广，旁及海外之国"⑤。珠三角的丝织业也

---

① （明）孙蕡：《西庵集》卷3，《文津阁四库全书·集部》第411册，商务印书馆2005年版，第455页。

② （明）郑若曾：《筹海图编》卷12下《行保甲》，中华书局2007年版，第831页。

③ （清）郭汝诚：咸丰《顺德县志》卷24《胡平运传》，成文出版社1974年版，第2301页。

④ （明）霍与瑕：《上吴自湖翁大司马》，《明经世文编》卷369，中华书局1962年版，第3984页。

⑤ （明）屈大均：《广东新语》卷16《器语》，中华书局1985年版，第458页。

畅销国外，为"东、西二洋所贵"[1]，据统计万历二十七年（1600）运往日本长崎一地的生丝便达3000多担[2]。珠江三角洲商品经济迅速发展，促使市镇广泛兴起。据统计珠江三角洲的墟市数量在永乐年间为33个；嘉靖三十七年（1558）为95个；万历三十年（1602）则增至176个之多[3]。明末，一些外国和外地的商业会馆也在珠三角兴盛起来，仅佛山就有会馆和商馆20多个[4]。商品经济的发展使珠三角地区的经济辐射范围增大，同时也导致这一地区的社会治安面临着较为严峻的态势。在内地少数民族动乱和沿海倭寇声势消减之后，强化对珠三角地区的商业市镇和社会经济的管理成为这一时期较为突出的问题之一。广州以其内外四通八达的水陆运输网络和优越的港口地理条件，自秦汉时期就已是珠江三角洲乃至岭南地区的交通枢纽和经济中心城市，历南朝、唐、南汉、宋、元诸朝之发展，迄至明代，城市进一步发展，城市功能更日益完善。天顺年间，即有人称："广州府为两广根本，无广州则无广东，无广东则无广西矣，尤宜加意抚绥。"[5]所谓的"两广根本"，不单单是指军事方面而言，也当包括政治、经济等方面。及至明朝后期，随着两广地区防务重心的东移，以及珠江三角洲商品经济迅速发展、商业市镇普遍繁荣，尤其是广州作为岭南政治中心、军事中心、经济中心的功能更进一步得到加强，职掌两广军政大权的两广总督于崇祯五年（1632）由肇庆迁驻广州，完成了有明一代两广总督府址的最后一次迁移，正是为了适应这种新趋势的出现。

---

① （明）屈大均：《广东新语》卷15《货语》，中华书局1985年版，第427页。

② 全汉昇：《明代中叶后澳门的海外贸易》，香港中文大学《中国文化研究所学报》，1972年第5卷第1期。

③ 佛山地区革命委员会：《珠江三角洲农业志》（初稿），佛山地区革命委员会《珠江三角洲农业志》编写组1976年印，第97页。

④ 黄启臣：《明清珠江三角洲的商业和商人资本的发展》，《中国社会经济史研究》1984年第3期。

⑤ 《明宪宗实录》卷11，天顺八年十一月甲戌。

第五章

镇守总兵的设置与明代广东地区防御格局的演变

明代广东地区的陆海军事防御格局经历了较为复杂的演变过程，这一演变集中体现在广东地区军事指挥体系的时空变动中。镇守广东总兵、副总兵作为明代广东地区军事指挥体系的高层建制，它的设置与驻防地的变迁是明代广东军事史中的重要问题。然而，由于史籍记载较为零散，且颇多抵牾，故而学界对镇守广东总兵与副总兵驻地的变迁尚未形成清晰的认识。从镇守总兵与副总兵驻地变迁切入，可进一步厘清明代广东地区以镇压"瑶乱"为主的陆防与平靖"倭乱"为主的海防二者重心的时空演变格局。有鉴于斯，通过细绎文献，进一步深入考证，厘清明代镇守广东总兵、副总兵设置过程的同时，进而考察其驻地的迁移轨迹，从而透视广东地区陆海防御重心时空变动。

第一节　明代总兵制度的演变

　　"总兵"一词早在西汉便已出现。如"汉景帝初，吴王濞反，总兵渡淮，与楚战，遂败荆壁"①。《晋书·吕光载记》载："（光）率将军姜飞、彭晃、杜进、康盛等总兵七万，铁骑五千以讨西域。"②但元代以前，"总兵"皆以动词出现，为总率军马之意。元代初期"总兵官"的使职形式已经出现，关于"总兵官"的出现与元末总兵官制度问题，赵现海《明

①　（唐）杜佑：《通典》卷155《兵八·坚壁挫锐》，上海古籍出版社2000年版，第560页。
②　《晋书》卷122《吕光载记》，中华书局1974年版，第3054页。

代总兵制度的起源》一文已有详细探讨①。虽然赵文对明初总兵的设置及其制度之演变亦有论述，但不及明一代之全貌，故容略作梳理。

明代的总兵，《明史·兵志一》里有一段话："明以武功定天下，革元旧制，自京师达于郡县，皆立卫所。……征伐则命将充总兵官，调卫所军领之；既旋则将上所配印，官军各回卫所，盖得唐府兵遗意。"若详细考察明代总兵制度之演变，便会发现，此段文字对于总兵之认识实则仅为洪武时期的情况，似不适合永乐以后诸朝制度。

朱元璋在郭子兴军中时，深得器重，至正十五年（1355），被任命为总兵官镇守和阳，为节制折服部众，他说："总兵非我专擅，乃王命也，诸人俾我逆王命，可乎？然我与诸人约率兵之道，非寻常，自今以后敢有违令者，吾行总兵之道。"②但何为"总兵之道"却未明言。《明太祖实录》对此做了进一步回答：

> 上乃作色，置座南向，出子兴檄置于上，呼诸将于前，谓之曰："总兵，主帅命也，非我擅专，且总兵大事不可无约束，今覽城皆不如约，事何由济？自今违令者，即以军法从事。"诸将惶恐，皆曰："唯!"由是不敢有异言。③

此一时期的总兵官皆为战时临时任命，统兵征伐，具有军法从事的大权。明初，总兵官的任命承袭前制的同时亦有相应变化，大多为临时委任的征伐总兵，事罢即归，不在地方驻扎逗留，而且总兵官的任命无一定等级规范，大多以勋臣（公、侯、伯）、都督、都指挥使、指挥使充任。如洪武二年八月："上遣都督金事吴祯，以敕书往谕大将军徐达曰：'如克

① 赵现海：《明代总兵制度的起源》，《明史研究论丛》第九辑，紫禁城出版社2011年版，第101—115页。

② 佚名：《皇明本纪》，见邓士龙辑、许大龄、王天有点校《国朝典故》卷2，北京大学出版社1993年版，第22—23页。

③ 《明太祖实录》卷2，乙未春正月戊午。

庆阳，宜令右副将军都督同知冯宗异掌总兵印，统军驻庆阳节制各镇兵马粮饷。"①洪武六年三月"诏以广洋卫指挥使于显为总兵官，横海卫指挥使朱寿为副总兵出海巡倭"②。洪武七年正月："诏以靖海侯吴祯为总兵官，都督金事于显为副总兵官，领江阴、广洋、横海、水军四卫舟师出海巡捕海寇，所统在京各卫及太仓、杭州、温、台、明、福、漳、泉、潮州沿海诸卫官军悉听节制。"③同时，此一时期，由于所领任务不同，其名目也颇为繁多④。

从《实录》资料来看，洪武时期总兵官多为临时任命的征伐总兵，这与洪武时期卫所制度实施较为严格密切相关，卫所制度下军事指挥系统是：小旗、总旗、百户、千户、卫指挥、都指挥、都督层层相因。战时变成军事指挥体系，平时又复归军政管理系统，即"申定兵卫之政，征调则统于诸将，无事则散归各卫。管军官员不得擅自调遣，操练扶绥，务在得宜，违者论如律"。⑤但此时，也有少数地方开始出现镇守总兵，如洪武二年康茂才出任镇守山西总兵官⑥，洪武二十五年（1392）以宋晟为甘肃镇守总兵官。总之，洪武时期的总兵大多为战时委派统兵作战的将领，是一种不太正式的提法，构不成正式官名。

至建文四年（1402），地方镇守总兵官开始增多。如建文四年八月"命右军都督府左都督何福佩征虏前将军印充总兵官往镇陕西、宁夏等处，节制陕西都司、行都司，山西都司、行都司，河南都司官军。"⑦同年九月"命右军都督同知韩观佩征南将军印充总兵官往广西整肃兵备、镇守

① 《明太祖实录》卷44，洪武二年八月甲戌。

② 《明太祖实录》卷80，洪武六年三月甲子。

③ 《明太祖实录》卷87，洪武七年春正月甲戌。

④ 如巡倭总兵、练兵总兵、海运总兵等，肖立军《明代省镇营兵制与地方秩序》（天津古籍出版社2010年版，第194页）论述颇详。

⑤ 《明史》卷90《兵二》，中华书局1974年版，第2194页。

⑥ 《明太祖实录》卷44，洪武二年八月甲戌。

⑦ 《明太宗实录》卷11，洪武三十五年八月乙未。

城池，而节制广西、广东二都司。"①

永乐时期，镇守总兵遍布于沿边各镇，除镇守总兵外，还包括海运、漕运总兵，如永乐二年命平江伯陈瑄充总兵官率水师运粮北京②；巡海总兵，如永乐二年五月，命清远伯王友充总兵官，都指挥金事郭义充副总兵，率水师"往海道巡哨，如遇寇贼就行剿捕，仍戒友等遇番国进贡船不得扰害"。③操江总兵，如永乐六年十月，命丰城伯李彬充总兵官，都指挥汪治、蔡斌充副总兵"操缘江舟师"④。永乐时期，镇守总兵的权力较洪武末期似有所持重。嘉靖《宣府镇志》载："文皇帝永乐七年赐右都督章安镇守敕谕……，今特命尔挂镇朔将军印充总兵官镇守宣府地方，整饬兵备，申严号令，训练士卒，振作军威。务要衣甲整齐，器械锋利，城堡墩台坍塌以时修治坚完，官军骑操马匹责令饲养膘壮，仍督屯田粮草，并一应钱粮不许侵欺。军前有犯，许以军法从事，其有官军头目苛刻下人、私役耕种等弊，轻则量情惩治，重则送彼处问刑衙门问理，应奏请则奏请定夺。都指挥以下俱听节制。"⑤大概是这一时期各地藩王的权力受到限制，同时，总督、巡抚等官还未设置，因此诸王部分权力转给了总兵。

明仁宗洪熙二年（1426），朝廷颁将军印于各镇总兵："云南总兵官太傅、黔国公沐晟佩征南将军印，大同总兵镇远侯顾兴祖佩征蛮将军印，辽东总兵官武进伯朱荣佩虏前将军印，宣府总兵官都督费瓛佩平羌将军印，交阯参将保定伯梁铭、都督陈怀佩征西将军印。"⑥从各镇总兵普遍佩"将军印"来看，总兵设置逐渐趋于稳定化和规范化，其管辖区域也较为明确，总兵已不仅仅是一个统军将领的职务名称，而是具有相应的职官内涵，已形成了如《明会典》所载："凡天下要害地方，皆设官统兵镇戍。

---

① 《明太宗实录》卷12，洪武三十五年九月乙未。
② 《明太宗实录》卷29，永乐二年三月壬寅。
③ 《明太宗实录》卷31，永乐二年五月壬寅。
④ 《明太宗实录》卷84，永乐六年十月庚子。
⑤ （明）孙世芳：嘉靖《宣府镇志》卷2《诏命考》，成文出版社1970年版，第20页。
⑥ 《明仁宗实录》卷11，洪熙元年二月辛丑。

其总镇一方者曰镇守"，"其官称挂印专制者曰总兵"①的情形。

正统以后，随着卫所制度的逐渐悄然和营兵制的逐渐兴起，军队管理系统和战时指挥系统逐渐合二为一，总兵制度也发生了相应的变化。按照洪武初所制定的卫所制度，小规模军队调动可以在都司卫所范围内进行，但大规模征调要选取若干都司的卫所军队，临时征调容易造成兵将互不相识的情形。景泰时，在于谦的倡导下，京营军队实施团营制，从各营现操官军中选十万分作五营团操，以备出战。具体为"每二万人为一营，每队五十名，一人管队，每二队又立领队官一员，每千人把总一员，每三五千又立把总都指挥一员。其管队、把总、大小总兵官员各量其才器高下，谋勇如何而选用之。使之互相统属，兵将相识，……使管军者知军士之强弱，为兵者知将领之号令，体统相维，彼此相识，不致临期错乱，难于调遣"②。之后，在地方上卫所军纪败坏，士兵逃匿、役占等现象十分严重，为了遏制卫所制度破坏带来的边备空虚，明廷在各边镇设镇守总兵，士兵的招募逐渐代替世兵制，在地方镇戍军队内，逐渐形成总兵、参将、游击、守备、把总等武职指挥体系，代替了原来的卫所管理系统。在地方上镇守营兵逐渐替代卫所军，成为主要防守力量。但正统以后，总督、巡抚、镇守文臣等的权力逐渐加大，对总兵权力造成侵夺，致使总兵权力有所下降，虽正德年间因刘瑾专权而其地位一度有所提高，但刘瑾伏诛后，总兵权力仍受到节制。此后直至明末，地方镇守军队中总兵作为武职系统的最高领导，权力却一直处于督抚等文臣的节制之下。

明代总兵之下还设有副总兵，早在洪武时期便设有此职。明代副总兵有镇守、分守和协守三种类型，镇守副总兵即在未设总兵的边防省镇以副总兵代总兵镇守，分守副总兵的职能类似于我们后边将要谈到的参将，协守副总兵则是与总兵同城驻扎，协助总兵督理军务。据《九边考》记载，

---

① （明）申时行：万历《明会典》卷126《镇戍一》，中华书局1989年版，第648页。
② （明）于谦：《请立五团营疏》，清高宗敕选《明臣奏议》卷3，中华书局1985年版，第50页。

嘉靖二十年前后的九边中多设有协守副总兵，唯甘肃设有分守凉州副总兵[①]。协守副总兵的主要职能是协助总兵操练军马，修筑城池、督哨墩台、防御虏寇、抚恤士卒、保障居民、预警领兵杀敌。核实而论，分守副总兵职能与协守类似，只是不驻扎镇（省）城。副总兵地位低于总兵，高于参将、游击。总体看来，明代的总兵制度定型于正统间，正如明末朱国祯《涌幢小品》所提道："总兵之名见于元末，国初因之。……至正统年始有定名曰总兵、曰副总兵。"[②]

第二节　明代镇守广东总兵设置与广东地区的军事地缘格局

对明代镇守广东总兵的设置时间、过程等问题，史籍记载颇多抵牾，尚无定谳。作为明代广东军事指挥体系的高层建制，厘清镇守总兵官设置的相关问题，对我们透视明代广东乃至环南海地区陆海军事防御格局的时空演变至关重要。明代镇守广东总兵设置时间，史籍多有不同，且歧异较大，总体而言有洪武初年和嘉靖四十五年两种观点。笔者经过详细的考察，认为此两说俱不可靠，正统十三年才是明代镇守广东总兵始设之确年。受明代广东地区复杂的军事地缘格局所影响，镇守广东总兵的设置经历了一个复杂的变动过程，至嘉靖四十五年已是镇守广东总兵的第四次设置了。

一　论洪武初年始设镇守广东总兵说不能成立

此说见于明黄佐《广东通志》，是书"职官表"列朱亮祖、赵庸为广

---

① （明）魏焕：《皇明九边考》各镇《责任考》，《四库全书存目丛书·史部》第226册，齐鲁书社1996年版，第84—87页。

② （明）朱国祯：《涌幢小品》卷8，中华书局1959年版。

东总兵官①。万历《广东通志》卷十《秩官》记载同②。郭棐《粤大记》
进一步明确地指出："广州既平永忠遂进兵取广西，命永嘉侯朱亮祖镇广
东，总兵官之出镇盖仿于此。"③俨然将朱亮祖出镇广东视为广东总兵之始
设，更甚者，将此视作明代镇守总兵之肇始。

　　然而，笔者以为此说难以成立，试证如下：首先，据肖立军先生研
究，明代镇守总兵官的设置迟至洪武末年才出现④，朱亮祖卒于洪武十三年
（1380），此间尚无镇守总兵之名。查《明史·朱亮祖传》有"洪武十二
年（1379）出镇广东"一语⑤，但并无总兵官名目；其次，朱亮祖洪武
十二年出镇广东，仅一年便因"所为多不法"与其子同被鞭死。同年十二
月"以广东阳春诸县盗贼未平，命南雄侯赵庸往镇之。仍训练军马，随机
征讨。"⑥至洪武十五年（1382）十月，在赵庸的镇压下，广东"群盗"
得以平定，旋即"诏庸班师"⑦。可见，不论朱亮祖还是赵庸在广东驻扎
的目的均为镇压地方动乱，事迄即罢，并不长久驻扎，虽云"镇守"但与
本书所论之"镇守"实有质异。况且，明代镇守武臣名目较多，非总兵一
家所独有，郭棐、黄佐诸人以"镇守"当作"镇守总兵"之概称，实不足
信。复次，笔者检视明代诸种重要史籍，虽然洪武末年乃至永乐、洪熙、
宣德间沿边各省、镇镇守总兵设置逐渐增多，但广东并无镇守总兵官设
置。此间，广东地区的陆防事宜由广西总兵官兼辖，广东都司卫所处于镇
守广西总兵官的节制之下，如建文四年（1402）九月："命右军都督同知
韩观佩征南将军印充总兵官往广西整肃兵备、镇守城池，而节制广西、广

---

　　① （明）黄佐：嘉靖《广东通志》卷10《职官表下》，岭南美术出版社2009年版，第234页。
　　② （明）郭棐：万历《广东通志》卷10《藩省志十·秩官》，岭南美术出版社2009年版，
第252页。
　　③ （明）郭棐：《粤大记》卷3《纪事类》，《日本藏中国罕见地方志丛刊》，书目
文献出版社1990年版，第24页。
　　④ 肖立军：《明代的生镇营兵与地方社会秩序》，天津古籍出版社2010年版，第179页。
　　⑤ 《明史》卷132《朱亮祖传》，中华书局1974年版，第3860页。
　　⑥ 《明太祖实录》卷134，洪武十三年十二月丙戌。
　　⑦ 《明太祖实录》卷149，洪武十五年冬十月戊子。

东二都司"①，宣德八年（1433）二月："广东、广西二布政司奏：'广东贼入石城县，广西贼入陆川县，皆杀人劫财。'敕广西总兵官都督山云出兵，与广东巡捕官军合势剿捕。"②

由于明代初期，岭南地区军事防御的重心在于镇压广西及粤西地区的"瑶乱"，故广西总兵兼辖广东尚且力所能及，广东无须另设。但这一时期，沿海地区却时或受海盗、倭寇的侵扰，早在洪武初年便设置巡海总兵、副总兵出海徼巡捕倭，如洪武七年（1374）"诏以靖海侯吴祯为总兵官，都督佥事于显为副总兵官，领江阴、广洋、横海、水军四卫舟师出海巡捕海寇，所统在京各卫及太仓、杭州、温、台、明、福、漳、泉、潮州沿海诸卫官军悉听节制"。③浙直闽粤沿海海防均受巡海总兵官节制，虽然此一时期东广东防形势尚不凸显，但广东沿海相较于其他沿海地带更加边远，如此跨远距离海岸线的巡防势必会造成防守疏略，兵力不足，难以兼顾的情形，永乐四年（1406）征讨安南总兵官成国公朱能就无不担忧地说："贼已遣人于广东，缘海侦伺，虑其知海道无兵，并力于尔，宜加意慎防，不可忽略。"④随后便于广东设巡海副总兵，以解鞭长莫及之虞，《天下郡国利病书》载："永乐七年四月，海贼阮猺劫长塾、林虚二巡司，焚廨舍毁寨栅而去，巡海副总兵李珪（圭）遣雷州卫官军追击，败之。"⑤可见广东巡海副总兵的设置在永乐四年至永乐七年之间。囿于笔者所见史料，尚无法考知其具体设置年份，至少可以肯定永乐初便已设置。广东巡海副总兵设置之后在明初广东的防御中取得了良好的效果。《皇明驭倭录》载："永乐十九年广东巡海副总兵指挥李圭（珪）于潮州靖海遇

① 《明太宗实录》卷12，洪武三十五年九月乙未。
② 《明宣宗实录》卷99，宣德八年二月戊戌。
③ 《明太祖实录》卷80，洪武七年春正月甲戌。
④ 《明太宗实录》卷59，永乐四年九月戊午。
⑤ （清）顾炎武：《天下郡国利病书》第19册《广东下备录·海寇》，《四部丛刊三编·史部》，上海书店1985年版，第113页。

倭贼与战，杀败贼众，生擒十五人，斩首五级，并所获器械悉送北京。"①
隆庆《潮阳县志》卷二《县纪事》记载略同②。《天下郡国利病书》载：
"永乐七年八月，广东巡海副总兵指挥李珪奏：'交阯贼船至钦州鱼洪
村，劫掠百姓，烧毁房屋，官军追至交阯万宁县，海上遇贼船二十余艘，
官军奋击败之，杀贼反溺死者无算。'"③在永乐间，广东巡海副总兵巡防范
围当涉及明代的整个广东沿海地区。

通过上文梳理和考察，我们可以说，在明代初期广东地区军事防御的
空间格局分为二途：一为镇压粤西地区的"瑶乱"，二为防御沿海地区的
海盗和倭寇，但此时防御的重心在于粤西内陆，海防虽时受扰动，但于牵
动大局无碍，广西总兵兼制广东陆防尚可，巡海副总兵亦有能力调度巡剿
沿海海盗和倭寇，故此时广东无须独设镇守总兵。

二　证明代镇守广东总兵实始设于正统十三年

镇守明代广东总兵始设于嘉靖四十五年（1566）这一观点最为流行，
见于诸种重要史籍。万历《明会典》载：镇守广东总兵官"旧为征蛮将军
两广总兵官，嘉靖四十五年分设，驻扎潮州府，管辖全省军务"。④《明
史·职官志》："镇守广东总兵官一人，旧为征蛮将军两广总兵官。嘉
靖四十五年分设，驻潮州府。协守副总兵一人，潮漳副总兵，万历三年添
设，驻南澳。"⑤《续文献通考》《武备志》等书记载略同⑥。

嘉靖四十五年说被诸多史籍认同，看似可以信从，但征诸《明实录》

---

① （明）汪士骐：《皇明御倭录》卷2，《御倭史料汇编》第2册，全国图书馆文献
缩微复制中心2004年印，第124页。

② （明）黄鉴修，林大春纂：隆庆《潮阳县志》卷2《县纪事》，岭南美术出版社
2009年版，第27页。

③ （清）顾炎武：《天下郡国利病书·交阯西南夷》，《四部丛刊三编》第33册，
上海书店1985年版，第58页。

④ 万历《明会典》卷127《镇戍二》，中华书局1989年版，第658页。

⑤ 《明史》卷76《职官五》，中华书局1974年版，第1870页。

⑥ 《续文献通考》卷61，第3357页；《武备志》卷200，海南出版社2001年版，第435页。

及相关文献，认为嘉靖四十五年实为镇守广东总兵官的第四次设置，而非始置。受明代广东地区军事防御格局的牵动，镇守广东总兵官的设置在嘉靖四十五年之前则经历了颇为复杂而曲折的变动过程，试作梳理。

据《明英宗实录》记载，似乎在正统末年广东便设了总兵官，正统十三年（1448）六月广东清军监察御史刘训言：

> 高州、肇庆两府归化瑶人往往被信宜、泷水瑶贼诱引四出攻劫。累遣人招抚，虽一时从化，终非经久之计。乞如琼州府例，拘集徭首，推保有能抚管五百户以上者授以副巡检，一千户以上者授以典史，二千户以上者授以主簿，就于流官衙门到任，专抚瑶人，或有别项瑶贼出没，悉听总兵官调遣，同官军剿杀。[①]

引文中有"悉听总兵官调遣"一语，但未言明为何处总兵官，引文内容主要是提供处理粤西地区的"瑶乱"措施，而进言者为广东清军监察御史。以常理言之，此"总兵官"应为"广东总兵官"，正所谓责有攸归。但如前述，自永乐至宣德间广东的陆防事宜均由广西总兵兼辖，而且据笔者目力所及，正统十三年以前并未见有镇守广东总兵官设置之记载，故亦有可能指称镇守广西总兵。但随后的记载可以让我们排除后一种假设，正统十四年（1449）八月广东海贼黄萧养率众攻围广州城池，时：

> 总兵官安乡伯张安、都指挥佥事王清领兵五千，船二百艘救援，于九月十八日至戙船澳遇贼船三百余艘，安方醉卧舟中，官军不能支。贼至沙角尾，奔水溃散，安遂溺死，清为贼所获。[②]

《明史·景帝纪》正统十四年乙未下亦曰："总兵官安乡伯张安讨广

---

① 《明英宗实录》卷167，正统十三年六月壬戌。

② 《明英宗实录》卷184，正统十四年九月丙寅。

州贼败死，指挥佥事王清被执死之。"①文中以安乡伯张安为总兵官，但检视《明实录》及相关资料，张安并无广西任职履历，却于正统十三年至正统十四年之间一直镇守广东。《明英宗实录》正统十四年春正月戊子条载：

> 总督备倭广东署都指挥佥事杜信奏："沿海东、西二路备倭官军累次调入腹里操备。即今福建贼邓茂七余党奔窜海边，劫掠官民。乞将原调官军退回守备。"上命镇守广东安乡伯张安及都布按三司等官从公计议，果系备倭之数即便退还，务要防贼备倭，两不失误。信又言："潮州等卫所备倭船多被飓风击败，乞敕所司补造，用饬边备。"从之。②

明代勋臣出镇常称"总兵官"，前引有"总兵官安乡伯"一语，这里又"镇守广东安乡伯张安"。据此，我们可推知此间为镇压黄萧养叛乱及倭寇侵扰，明廷任命安乡伯张安为广东总兵官，镇守本区。此外，还有另一条记载可忝为强证。正统十四年九月乙未，明廷"赏南京守备，并各处镇守总兵官一百四十八人"，其中赐"安乡伯张安等各银四十两，纻丝二表里"③。此间，张安在广东任上，而赏赐之人为"南京守备"和"各处镇守总兵官"，显然，其时张安确为镇守广东总兵官无疑。

从前引相关记载来看，在正统末年，广东总兵官似乎兼辖广东地区海陆防务事宜，除镇压沿海黄萧养、邓茂七等海寇及防备倭患外，还负责平定内陆地区的山贼及"瑶乱"。换言之，广东已从镇守广西总兵的辖区内分离，形成独立的镇守区域。故清道光《广东通志》称："正统末，以黄萧养之乱，广东始设镇守总兵官一员"④，显而易见，阮元诸人亦将正统

---

① 《明史》卷11《景帝纪》，中华书局1974年版，第347页。
② 《明英宗实录》卷174，正统十四年春正月戊子。
③ 《明英宗实录》卷183，正统十四年九月乙未。
④ 道光《广东通志》卷173《经政略十六》，上海古籍出版社1988年版，第3142页。

十三年张安出镇广东视为镇守广东总兵之始设。

三　镇守广东总兵的设置始末兼证嘉靖四十五年始设说之误

前文我们已证实明代镇守广东总兵之始设以正统十三年为确。正统十四年九月镇守广东总兵官张安死后，贼攻广州城益急，于是随即"诏拜（董）兴左副总兵，调江西、两广军往讨"。[①]是后，遂罢镇守广东总兵官，以董兴为左副总兵镇守广东。董兴在镇守广东左副总兵任上一直到景泰三年（1452）召还"分督京营"[②]为止。但也有人将董兴的"广东左副总兵"误说成"广东总兵"，如雷礼《国朝列卿记》："景泰三年，广西蛮寇行劫郡县，至六十二起，延广东地方，俱被其害。广东总兵董兴、广西总兵武毅互相推托，拥兵自卫，该访勘御史王允奏下兵部尚书于谦，举镇守涿州都督陈时代毅，镇守雁门都指挥使翁信代兴。"[③]同样，嘉靖《广东通志》谈及此次事件时谓："高、廉等府俱被其害，事闻，诏下兵部，议得广西贼情紧急，本部累曾具奏行，令广东总兵等官董兴等调兵前来会合抚捕，而董兴公然不肯启发，辗转托词。"[④]然此应系误植。据《明英宗实录》：

> 景泰三年二月"敕广西左副总兵都督佥事武毅，提督军务刑部右侍郎季棠令，得尔奏：梧州府及茂名等县，大藤峡、炭山等处流贼生发，杀伤兵款，烧毁关厢、城楼，劫掠军民、男女、财物，具悉。已敕广东左副总兵都督董兴将官军一千五百人，差官管领，来听尔调，仍命兴今秋统领大军来会尔，腹背夹攻，剿杀前贼。敕至，尔等务在同心协谋，毋或互相矛盾，及玩寇长奸，

---

①　《明史》卷175《董兴传》，中华书局1974年版，第4657页。

②　同上。

③　（明）雷礼：《国朝列卿记》卷107《两广督抚行实》，《四库全书存目丛书·史部》第94册，齐鲁书社1996年版，第322页。

④　（明）黄佐：嘉靖《广东通志》卷4《纪事五》，岭南美术出版社2009年版，第166页。

以贻后悔。①

引文反映，景泰三年二月时武毅为广西副总兵，董兴为广东左副总兵。但董兴、武毅各守一方，各自为政，当贼势蔓延时却互相推诿，裹足不前，以致贻误战机。同年七月，于谦言：

> （董）兴、（武）毅等各掌三军之权，均为两方之蠹，访得镇守涿州等处署都督金事陈旺、镇守雁门关署都指挥使翁信，俱谋勇廉介，堪以大受。乞将旺、信召赴京师，各升实授都督金事充副总兵官，令旺代毅，信代兴，仍将兴、毅及范信俱降为事官，就从旺等立功。又言：广西、广东两处（副）总兵不相统摄，不宜互相应援。乞以安远侯柳溥充总兵官佩印总督两广军马，如溥不可轻动，或令臣谦或太子太保兼户部尚书金濂、太子太保兼左都御史王翱内遣一人往命，旺署都督金事，翱往任总督之寄。②

以陈旺、翁信代替武毅、董兴分别为镇守广西、广东副总兵。是时，"镇守广东左副总兵"止称"镇守广东副总兵"。

此外，引文显示，为解决两地军事防务上"不相统摄"，难以应援的现象，于谦建议设置两广总兵以节制两省镇守副总兵。但景泰年间并未设两广总兵，只是景泰三年以王翱为两广总督以示节制。但事实是，王翱亦为临时委命，事罢即归，并非常设。

至成化元年（1465），巡按广东监察御史王朝远奏："广西流贼越过广东界，十郡疆域，残毁过半，田亩荒芜，遗骸遍野，余民无几，道路几无人行，兵力衰微，民情惶惑，今贼徒日益延蔓，过广东者已至江西，在

---

① 《明英宗实录》卷213，景泰三年二月己卯。
② 《明英宗实录》卷218，景泰三年七月乙未。

广西者又越湖广，虽两广各有副总兵欧信、范信，巡抚都御史吴祯等官，但地广贼众力不能支。"事下兵部会议，认为宜"推举文武大臣各一员假以总制便宜之权"节制两广，随后"命中军都督同知赵辅佩征夷将军印充总兵官，右都督和勇充游击将军，浙江布政司左参政韩雍升都察院左佥都御史赞理军务，往征两广蛮贼"。①此所谓"总兵官"是为两广总兵官，镇守广西、广东副总兵俱受两广总兵官节制。

成化二年（1466），广东又一次设置镇守总兵官。是年六月，"敕右都督冯宗充总兵官镇守广东，先是武臣镇守广东者止称副总兵，广东有总兵官自宗始"②。前文已有详细考证，镇守广东总兵官实际始设于正统十三年，此次实为第二次设置。如此一来，岭南地区在两广总兵的统一调度下，东西二省各设总兵官镇守，这一格局持续至成化五年（1469）方有所改变。

成化五年，明廷决定于梧州开设两广总督府，同时两广总兵、两广总镇亦驻扎梧州，并开设府衙，总制两广军政要务。与此同时，革镇守广西总兵，改设镇守副总兵；革镇守广东总兵，以左参将分守高雷廉肇，负责粤西的军事防御。成化七年（1471），总兵府衙建成，两广总兵始有固定驻地。《明宪宗实录》对此事的记载为：

> 命太监陈瑄总镇两广，起复右副都御史韩雍升右都御史总督两广军务兼理巡抚，南宁伯毛荣佩征蛮将军印充总兵官镇守两广。升都指挥夏正署都督佥事充副总兵镇守广西，都指挥同知杨广充左参将分守高雷廉肇，马良代毛荣镇守贵州，冯宗召还。巡抚都御史吴琛等俱令还京，都察院理事兵部尚书白圭等言："近设总府于梧州，以大臣总督命。臣等会多官议，且举其人，臣等会太保会昌侯孙继宗、吏部尚书姚夔等议：广西浔、庆等处宜立

---

① 《明宪宗实录》卷13，成化元年春正月甲子。

② 《明宪宗实录》卷31，成化二年六月丁卯。

副总兵一人，雷廉高肇宜设参将二人，总兵冯宗、马良宜召还别任，且举副都御史韩雍等"，以故有是命。①

前文述及，冯宗于成化二年六月充总兵官镇守广东，马良于成化四年三月佩征蛮将军印充总兵官镇守广西地方②，至此皆裁去，召还。对此，韩雍《总府开设记》载："（总督、总镇、总兵）同开总府于梧州，便宜行事，两广副将以下俱听节制，前两广镇守太监，两广总兵、巡抚皆裁去。"③雷礼《皇明大政纪》记载同④。关于此次作为，绝非偶然，相关文献显示，明廷对此已酝酿多年。据《皇明诏令》，天顺八年（1464）七月二十八日：

> 敕镇守广东副总兵、都督同知欧信、巡抚右佥都御史叶盛
> 及巡按御史、都司、布政司、按察司，今得给事中孙敬言：先该
> 总兵等官欧信、叶盛等奏：要于两广中路梧州立为帅府，挂印征
> 蛮将军总兵官镇守两广，居中节制，东西各处副总兵、左右参将
> 分守地方，悉听帅府调度，欲便举行。且言于梧州盖立都察院理
> 事，协和总兵、提督一应军务，巡抚两广地方。⑤

引文显示，早在天顺八年以前叶盛等人便提出设两广总兵，开府梧州驻扎，居中调度，并且广东、广西各置副总兵，在两广总兵的统一调度下镇守东西二省。但当时明廷对此一直犹豫未决，遂拖至成化五年。然而，

---

① 《明宪宗实录》卷73，成化五年十一月己亥。

② 《明宪宗实录》卷52，成化四年三月己巳。

③ （明）韩雍：《总府开设记》，《皇明经世文编》卷55，中华书局1962年版，第435—436页。

④ （明）雷礼：《皇明大政纪》卷14，《四库全书存目丛书·史部》第8册，齐鲁书社1996年版，第256页。

⑤ （明）孔贞运：《皇明诏令》卷15《立帅府敕》，《续修四库全书·史部》第457册，上海古籍出版社2002年版，第321页。

实施时却是直接裁去镇守广东总兵官，代之以雷廉高肇左参将，并未置镇守副总兵。

若是将镇守广东副总兵、总兵的设置与演变置于明代广东地区海陆防御格局的时空背景下来考察，成化五年裁去镇守广东副总兵亦事非偶然。成化五年朝廷决定，两广总督、两广总兵、两广镇守同开府梧州，其时广东地区沿海倭寇未盛，海寇侵扰较少，较为安定。军事防御的重点在粤西地区，广西流贼时常窜匿广东，以及粤西内陆山贼、瑶乱等频发不止。然而，两广总兵等坐镇梧州，于粤西极为近便，臂指可使，调度征剿游刃有余，故广东无须再设镇守副总兵、总兵。自此之后，逮及嘉靖四十一年（1562），广东地区一直未设镇守副总兵、总兵。

嘉靖末年，广东饶平人张琏率众起义，聚数万人，攻劫于赣、闽、粤三省，威震一时。为平定叛乱，明廷设立协守南赣汀漳惠潮副总兵，驻扎于粤闽赣三省边界地区的程乡伸威营，指挥平乱。对此《明世宗实录》载：

> 于江西兴宁、程乡、安远、武平四县间建设镇城，赐名曰"伸威"，改南赣参将俞大猷为南赣汀漳惠潮副总兵，升宁国府知府方逢时为广东按察司副使，整饬兵备，俱驻本城备盗。罢南赣参将，改设守备一员，添设把总三员，分驻要害，悉听副总兵、兵备节制。①

该"南赣汀漳惠潮副总兵"兼辖三省区界之地，但在后来的众多史籍中却将此"副总兵"记为"总兵"，如《苍梧总督军门志》称："正统末，因黄萧养乱设副总兵（按，据前文考证当为总兵），贼平裁革，后以广东界在江闽多警，议于南赣汀漳惠潮地方复设总兵驻扎程乡、兴宁。"②雍正《广

---

① 《明世宗实录》卷510，嘉靖四十一年六月癸丑。
② （明）应槚、刘尧诲：《苍梧总督军门志》卷387《兵防一》，学生书局1970年版，第387页。

东通志》同①。而事实是，初设确为"副总兵"，随后因俞大猷有功，为时不久便升为"总兵"，清人李清馥《闽中理学渊源考》对此记载颇详：

> 四十年，剧盗张琏聚众数万攻陷江、闽诸州，诏：江、闽、广三省会征之用师二十万，复以为南赣参将督兵进剿。时三省尚属胡宗宪节制，悔前失。一听大猷之所为，连战皆捷，琏就擒。谕：散其党不戮一人，乘胜攻林朝义，杀贼二千级，论功赐金，升副总兵镇守南赣汀漳惠潮，寻进总兵都督同知。②

此外，明人郭应聘在《请重广东总兵官事权疏》中的一条记载可进一步佐证是说，其云："惠、潮诸处自昔号为盗薮，原设总兵官一员驻扎程乡、平远之伸威营。"③此处所谓"原设总兵官"当指前引之"进总兵都督同知"一事。无独有偶，谭纶在《照例添设总兵中军官员以便训练疏》中论及设总兵标兵时曰："在先年，镇守惠潮伸威营总兵官亦设有中军把总指挥佥事一员，其人陈其可是也。"④该处"镇守惠潮伸威营总兵官"即指"南赣汀漳惠潮总兵官"。

南赣汀漳惠潮总兵的辖区为三省交界之地，于广东只管惠潮二府，然笔者在此不厌其烦地考证其设置及变化过程，实因其与我们将要探讨的镇守广东总兵官的第三次设置密切相关。

从后面的记载来看，嘉靖四十二年（1563）张琏叛乱平定之后遂将"南赣汀漳惠潮总兵"改称为"镇守广东总兵"，只管广东一省。据《皇

---

① 雍正《广东通志》卷23《兵防》，岭南美术出版社2009年版，第586页。

② （清）李清馥：《闽中理学渊源考》卷62《武襄俞虚江先生大猷》，《文津阁四库全书·史部》第157册，商务印书馆2005年版，第369页。

③ （明）郭应聘：《郭襄靖公遗集》卷8《请重广东总兵官事权疏》，《续修四库全书·集部·别集类》第1349册，上海古籍出版社2002年版，第193页。

④ （明）谭纶：《谭襄敏奏议》卷3《照例添设总兵中军官员以便训练疏》，《文津阁四库全书·史部》第147册，商务印书馆2005年版，第319页。

明法传录嘉隆纪》：嘉靖四十二年倭寇攻陷福建兴化城"欲掳船泛海去，广东总兵俞大猷率兵截平海港，贼不得去"①。可见，嘉靖四十二年已改为"广东总兵"，又《明世宗实录》嘉靖四十三年（1564）九月癸亥条载："命广东总兵俞大猷移住潮州，裁革南赣守备改设参将，以万安守备蔡汝兰充之，从两广守臣请也。"②足见移驻潮州之前已然为镇守"广东总兵"。因此我们可以说，嘉靖四十二年是镇守广东总兵的第三次设置。

嘉靖四十五年（1566）正月，再一次裁革镇守广东总兵，以福建总兵兼管广东惠潮二府。嘉靖四十四年海贼吴平剽掠闽广沿海，镇守广东总兵官俞大猷镇压不力，福建巡按御史陈万言奏："平初溃围得脱，系大猷等所分信地，及追战又不力，法当重处。"广东巡按御史陈联芳复劾："大猷在广，数肆民兵相继煽乱，束手无策，宜急择良将代之。"因而，"上乃黜大猷，而命继光兼镇闽广"③。

裁革不到十个月，嘉靖四十五年十月再一次设置。《明世宗实录》嘉靖四十五年（1566）十月乙丑条载："复设镇守广东总兵，以原任惠潮参将署都指挥佥事汤克宽升署都督佥事为之。"④谭纶《议处添设将官便督调以安地方疏》亦曰："近因言官建议，题奉钦依，特专设总兵官汤克宽镇压全省，专扎潮州府城，其福建总兵已免兼制之劳矣。"⑤万历《广东通志》则明确指出此次"复设"的原因："（嘉靖）四十五年，福建巡抚具题：三省牵制不便，部议广东复设总兵，仍驻扎潮州。"⑥对此，清人夏燮《明通鉴·考异》云：

---

① （明）高汝栻：《皇明法传录嘉隆纪》卷5，《禁毁四部丛刊补编》第10册，北京出版社2005年版，第594页。

② 《明世宗实录》卷538，嘉靖四十三年九月癸亥。

③ 《明世宗实录》卷540，嘉靖四十五年正月庚辰。

④ 《明世宗实录》卷563，嘉靖四十五年十月乙丑。

⑤ （明）谭纶：《谭襄敏奏议》卷3《议处添设将官便督调以安地方疏》，《文津阁四库全书·史部》第147册，商务印书馆2005年版，第319页。

⑥ （明）郭棐：万历《广东通志》卷8《藩省志八·兵防总上》，岭南美术出版社2009年版，第202—203页。

据《明史·俞大猷传》言："命大猷充广西总兵官而以刘显镇广东，两广并置帅，自大猷及显始也。"按显是时自狼山移镇镇江，被劾革任候勘，以巡抚刘畿荐，命充为事官，镇守如故。又证之《显传》：显以四十一年镇广东，未赴，且彼时亦非额设。据《实录》，是年十月复设广东镇守总兵官，以汤克宽为之。然则两广并置帅，实始于大猷、克宽。《明史》盖误以显前事当之，今据《实录》更正。[1]

今检《明史·刘显传》："（嘉靖）四十一年五月，广东贼大起。诏显充总兵官镇守。会福建倭患棘，显赴援。"[2]显然，嘉靖四十一年便有将南赣汀漳惠潮副总兵改为镇守广东总兵的动作，只因福建倭患而未得实施。故此，夏燮以为嘉靖四十二年俞大猷及四十五年汤克宽之任为"两广并置帅"之始，换言之，是为镇守广东总兵官之始设。然而笔者以为，夏燮之说颇为不妥。首先，自俞大猷任总兵官至汤克宽，期间为时三载，怎可以"始"字并称？其次，前文已有论证，镇守广东总兵官始设于正统十三年，其时广西另设镇守总兵官，故"两广并置帅"实始于安乡伯张安，而俞大猷已是第三次"并置"，至汤克宽则已为第四次"并置"了。

这便是万历《明会典》《明史》等书所认为的嘉靖四十五年"镇守广东总兵官"始从两广总兵分设出来的原委。然而，其事实却全然非此。

第三节　明代镇守广东（副）总兵官驻地与广东地区陆海防御

明代整个广东地区的军事防御空间格局分为二途：一为镇压山区的巨

---

① （清）夏燮：《明通鉴》卷63，嘉靖四十五年十月乙丑，中华书局2009年版，第2258页。

② 《明史》卷212《刘显传》，中华书局1974年版，第5619页。

盗和"瑶乱",即陆防;二为防御沿海地区的海盗和倭寇,即海防。但在不同时期,不仅陆、海二防的重心多有变动,且广东地区东、中、西三路的军事经略重心也呈现明显的阶段性特征。明代镇守广东总兵、副总兵作为广东地区军事指挥体系的高层建制,其驻防空间的移动恰好投射出了该地区陆海军事防务格局的时空过程。

一 明代初期广东地区的军事防御格局

从明代整体防务空间来看,前期的防务重心集中在北部沿边地区,明中期以后倭寇日炽,防务重心逐渐转移至东南沿海。若从沿海海防形势考虑,嘉靖末期以前,倭患集中在浙、直沿海地区,闽、广以南边海地区虽时受扰动,但尚不严重。相反,嘉靖末年以前,广东地区的军事经略重心在于肃靖闽、粤、赣错壤之地的盗区,以及镇压粤西及广西山区的"瑶乱"。因而,明代的镇守总兵官自洪武末年初建[①],直至宣德间,其设置地域多集中在北部沿边各省、镇。这期间,广东地区的防务由镇守广西总兵兼辖,广东八府之区的都司卫所均处于镇守广西总兵的节制之下,广东一省尚无镇守总兵。如建文四年(1402)九月"命右军都督同知韩观佩征南将军印,充总兵官往广西整肃兵备、镇守城池,而节制广西、广东二都司"[②]。宣德八年(1433年)二月"广东、广西二布政司奏:'广东贼入石城县,广西贼入陆川县,皆杀人劫财。'敕广西总兵官都督山云出兵,与广东巡捕官合势剿捕"[③]。这是因为明代中期以前,岭南地区的军事防御重心在于镇压广西及粤西内陆的"瑶乱",故广西总兵兼辖广东尚且力所能及,广东无须另设。

虽明初广东地区的海防形势尚不严峻,但并不意味着完全的平靖无事。实际上,这一时期沿海时或受海盗、倭寇的侵扰。因此,早在洪武初

---

① 肖立军:《明代的省镇营兵与地方社会秩序》,天津古籍出版社2010年版,第179页。
② 《明太宗实录》卷12,洪武三十五年九月乙未,台湾"中央研究院"历史语言研究所校印,1962年版。
③ 《明宣宗实录》卷99,宣德八年二月戊戌。

年便设置巡海总兵、副总兵出海徼巡捕倭，如洪武七年（1374）"诏以靖海侯吴祯为总兵官，都督佥事于显为副总兵官，领江阴、广洋、横海、水军四卫舟师出海巡捕海寇，所统在京各卫及太仓、杭州、温、台、明、福、漳、泉、潮州沿海诸卫官军悉听节制"①。浙、直、闽、粤四省沿海海防均受巡海总兵官节制。虽然此一时期东南海防形势尚不凸显，但环南海八府之区相较于其他各省更加边远，如此跨远距离海岸线的巡防，势必会造成防守疏略，兵力不济，难以兼顾的情形。因而，永乐四年（1406），征讨安南总兵官成国公朱能就无不担忧地说："贼已遣人于广东，缘海侦伺，虑其知海道无兵，并力于尔，宜加意慎防，不可忽略。"②随后便于广东设巡海副总兵，以解鞭长莫及之虞。《天下郡国利病书》载："永乐七年四月，海贼阮猺劫长塾、林虚二巡司，焚廨舍毁寨栅而去，巡海副总兵李珪（圭）遣雷州卫官军追击，败之。"③可见广东巡海副总兵的设置在永乐四年（1406）至永乐七年（1409）之间。囿于笔者所见史料，尚无法考知其具体设置年份，至少可以肯定永乐初便已设置。广东巡海副总兵设置之后，在明初广东的海防中取得了良好的效果。《皇明驭倭录》载："永乐十九年广东巡海副总兵指挥李圭（珪）于潮州靖海遇倭贼与战，杀败贼众，生擒十五人，斩首五级，并所获器械悉送北京。"④隆庆《潮阳县志》卷二《县纪事》记载略同⑤。《天下郡国利病书》载："永乐七年八月，广东巡海副总兵指挥李珪奏：'交趾贼船至钦州鱼洪村，劫掠百姓，烧毁房屋，官军追至交阯万宁县，海上遇贼船二十余艘，官军奋击败之，杀贼反

① 《明太祖实录》卷80，洪武七年春正月甲戌。

② 《明太宗实录》卷59，永乐四年九月戊午。

③ （清）顾炎武：《天下郡国利病书》第19册《广东下备录·海寇》，《四部丛刊三编·史部》，上海书店1985年版，第113页。

④ （明）汪士骐：《皇明御倭录》卷2，《御倭史料汇编》第2册，全国图书馆文献缩微复制中心2004年印，第124页。

⑤ （明）黄鉴修，林大春纂：隆庆《潮阳县志》卷2《县纪事》，岭南美术出版社2009年版，第27页。

溺死者无算。"①在永乐间，广东巡海副总兵巡防范围当涉及整个广东八府沿海地区。

通过上文梳理和考察，我们可以说，在明代初期广东地区军事防御的空间格局分为二途：一为镇压粤西与广西交界地区的"瑶乱"；二为防御沿海地区的海盗和倭寇。但此时防御的重心在于粤西内陆，海防虽时受扰动，然于牵动大局无碍，广西总兵兼制广东陆防尚可，巡海副总兵亦有能力调度巡剿沿海海盗和倭寇，故此时广东无须独设镇守总兵。

二 明代中期广东地区西路陆防形势与镇守广东总兵驻地选择

据前文考证，明代镇守广东总兵始设于正统十三年（1448），随后又改为镇守广东左副总兵、镇守广东副总兵，于成化二年六月复改为镇守广东总兵。由上，足见其建置并不稳定。故而关于其驻地亦未见明确的文献记载。但通过成化二年两广总督韩雍上《处置地方经久大计疏》及朝廷答复的相关内容可以对镇守广东总兵、副总兵在设置初期的驻地及相关原因有一粗略的认识。疏曰：

> 照左江浔洲等处地方逼近断藤峡一带贼巢及与广东地境相
> 接，比之柳、庆尤为重地。广东高、雷、廉三府土贼、民贼数
> 多，又常有流贼往来行劫，最为难守，地方俱须得人分守。②

明代广西行省左江所在的南宁府南部及浔洲与广东行省的钦廉地区接壤，梧州府南部与高、雷二府接壤。其时，高、雷、廉地区本来山贼、海寇为乱频仍，加之广西流贼时常突入犯顺，使得该地区防御形势颇为严峻。故而韩雍称"俱须待人分守"。随后朝廷赐敕曰：

---

① （清）顾炎武：《天下郡国利病书·交趾西南夷》，《四部丛刊三编》第33册，上海书店1985年版，第58页。

② （明）应槚、刘尧诲：《苍梧总督军门志》卷23《奏议一》，学生书局1979年版，第965—966页。

广东副总兵范信专一在于高州石城驻扎，时常往来高、雷、廉三府地方督属，操军杀贼。无事不许自回广东城偷安闲住，亦不许托疾称老推避干系，如违及地方不宁，奏发，削夺名爵，治以重罪。参将为事官张通照旧分守肇庆等处，如果广东别府州县卒有紧急贼情，仍要各官会同，分兵进剿。庶使地方责任各得其宜，守战不致误事。①

引文反映，成化二年（1466），明廷令范信为镇守广东副总兵驻扎高州石城，而"无事不许擅自回广东城偷安闲住"一语透射出，此前其驻地应该省城广州，尤其一个"回"字，颇为隐微地透露出"原驻广州"之意。似乎初设时驻扎广州，后因粤西战事而移驻石城。

覆实而论，广东副总兵驻扎石城，是明代中期广东地区军事地理形势与石城的地理位置双重作用的结果。首先，从军事地理形势来看，这一时期广东军事的陆防重心在西路，对此，我们已有多次讨论。此外，从正统末所设广东总兵官安乡伯张安驻防的重点来看，可进一步深化我们对这一观点的认识，正统十三年十月"命安乡伯张安镇守广东雷、廉、高、肇地方"②；正统十三年十二月："敕镇守广东廉、雷、高、肇地方安乡伯张安及都布按三司、巡按监察御史曰：'近有言山贼赵音旺等伪称天贤将军等名号，各率众，张旗帜，鸣钲鼓，劫掠泷水、电白二县，焚毁官民庐舍，人民惊溃。尔等其密察赵音旺等，果有实迹，宣布恩威，谕令改过，如不服抚谕，即调兵扑灭。'"③据前揭此时张安为镇守广东总兵官，而这里又称"镇守广东雷廉高肇地方"，看似相左，其实这并不矛盾。明人张瀚对闽广两省的陆海防御情形概括道："山贼有警，则广东者出高、肇，福

---

① （明）应槚、刘尧诲：《苍梧总督军门志》卷23《奏议一》，第968页。
② 《明英宗实录》卷171，正统十三年冬十月庚戌。
③ 《明英宗实录》卷173，正统十三年十二月庚午。

建者出武平；海寇有警，则广东者出潮、惠，福建者出漳、泉。"①由于这一时期广东地区西路防御形势远较其他地方繁重，因此张安以广东总兵官身份镇守雷、廉、高、肇。同时，引文中书写时将张安置于都布按三司之前，可见其地位高于三司，亦说明张安是以镇守广东总兵官的身份镇守雷、廉、高、肇地方。逮至成化二年，以广东副总兵移驻石城，重点管辖"高、雷、廉"三府，而肇庆则以参将主之，如此则缩小防区，进一步加强了对西路的控御力度。

其次，从石城地理位置来看，其北与广西梧州南界博白、陆川等地接壤。同时，石城恰好处于高、雷、廉、肇四府之中枢地带，调度指挥颇为便利。嘉靖《广东通志初稿》载："石城东接大桂，北接陆川，四方相通，地当要害。"②可见，石城的地理位置使其成为广东副总兵驻扎的首选之地。

三 嘉靖末年镇守广东（副）总兵驻地变化与广东东路防御

据前揭，嘉靖四十一年（1562），明廷于江西兴宁、程乡、安远、武平四县间建设镇城，赐名曰"伸威"，改南赣参将俞大猷为协守南赣汀漳惠潮副总兵，驻扎程乡伸威营，督理三省缘边地区的军事防务。然而，该副总兵的设置及驻地的选择则是基于复杂的军事地理背景。

（一）赣闽粤边界的"盗区"与副总兵驻扎程乡

自明代中期以后，随着社会经济的发展，赣、闽、粤三省交汇之地的市场地位上升，地方上的盗贼活动亦更加活跃，为了防剿三省交界地带山贼、海盗的流窜攻劫，早在弘治十年（1497）便设置"巡抚南赣汀韶等处地方提督军务"，简称"南赣巡抚"③。《明史·周南传》载："南赣巡抚之设，自南始。汀州大帽山贼张时旺、黄镛、刘隆、李四仔等聚众称王，

---

① （明）张瀚：《松窗梦语》卷8《两粤记》，中华书局1985年版，第167页。
② （明）戴璟：嘉靖《广东通志初稿》卷4《疆域》，《北京图书馆古籍珍本丛刊》第38册，书目文献出版社1990年版，第83页。
③ 《明史》卷73《职官二》，中华书局1974年版，第1778页。

攻剽城邑，延及江西、广东之境，数年不靖，官军讨之辄败。"①关于南赣巡抚的辖区，据万历《明会典》载：南赣巡抚"辖江西岭北赣州道及广东惠潮道、岭南韶南道、福建漳南道、湖广上湖南郴桂道，俱听节制。"②至嘉靖中后期，随着倭寇入侵，海患加剧，南赣巡抚管辖范围广阔，势必面临难以兼顾各方的困境。据明罗洪先、胡松增补元朱思本《广舆图·舆地总图二》下清晰标明"大帽山贼""南安峰人"的位置，沿海则标出"漳泉海倭""潮惠海倭"③。

由此可以看出，这些盗贼皆出没于江西、福建、广东行都司鞭长莫及之处，从而形成颇为难治的"盗区"。嘉靖间南赣巡抚虞守愚提道："臣所管辖地方，俱系江湖闽广边界去处，高山大谷，接岭连峰，昔人号称盗区。"④隆庆年间，南赣巡抚张翀也说："臣所辖四省地方旷远，山深林茂，盗贼窃发不常，素称极冲之区。"⑤足见边界地区的盗贼活动令镇守一方者至为苦恼，至嘉靖末年张琏发于三省边界地区，声势颇盛，为策应南赣巡抚弹压诸盗，设南赣汀漳惠潮副总兵一员，而程乡地处赣闽粤三省交界处，自明代洪武以来盗贼肆掠连年，颇为猖獗。吴文华曾指出："大抵东粤盗区，惠潮为最，其如程乡、平远、兴宁诸县皆联络万山，与江西丹竹楼等处相近，聚则便于为盗，散即同于平民，追逐则易匿藏，行剿未免滥及。"⑥副总兵驻扎于此，三省地方皆臂指可至，于靖盗亦较方便。此外，郭子章在《衣生粤草》中颇具见解的指明："防南澳则海寇亡自

①　《明史》卷187《周南传》，第4965页。

②　（明）申时行：万历《明会典》卷128《兵部·镇戍·督抚兵备》，中华书局1989年版，第663页。

③　（元）朱思本撰，（明）罗洪先、胡松增补：《广舆图·舆地总图二》，《续修四库全书·史部·地理类》第586册，上海古籍出版社2002年版，第412页。

④　嘉靖《虔台续志》卷4《事纪三》，《丛书集成初编》，上海书店1994年版，第29—30页。

⑤　（明）张翀：《题为申明镇守官兵一法令以固根本重地疏》，《鹤楼集》卷1，台北"国家"图书馆汉学研究中心藏，明隆庆四年刊本，日本内阁文库摄制，第66页。

⑥　（明）吴文华：《济美堂集》卷4《内阁》，《四库全书存目丛书·集部》第131册，齐鲁书社2001年版，第623页。

入，防程乡则山寇亡自起。"将程乡和南澳并举为粤东陆海防御的两大结点。他接着说："今详于海而略于山，是重裘以御寒暑而自桎其腹也，非计之完矣。"①后一句折射出明末海防已然超越陆防而成为广东地区军事防御的重心，与此同时，亦透露出他对内陆防御空疏的内在隐忧。

（二）海防形势的上升与广东总兵官移驻潮州

经考证，南赣汀漳惠潮副总兵于嘉靖四十二年改为镇守广东总兵官，独镇广东一省。随后，于嘉靖四十三年移驻潮州。镇守广东总兵移驻潮州与其时广东地区东路的海防地理形势及岭南地区海陆防御的整体布防及指挥格局密切相关。

首先，广东地区东路的惠州、潮州皆背山面海，复杂的环境易于引发山贼、海寇交相肆掠。郭子章提道："潮州海圉多盗之区，程乡又山寇出没之薮。"②更是认定"潮州之盗甲于天下"③。张瀚则指出"山寇居十之七八，海寇居十之二三"。而且他们确是相互"依附声势，肆无忌惮，杀掠人民，占据田业"④。看似山寇为多，但海寇与山寇相互勾连，山寇随时可转为海寇，海寇亦时常上岸攻掠邑聚。郭子章亦称"内寇陆梁，踯躅林莽，实与海寇声势相倚"。⑤此外，山海之间的平民亦时常在盗与民之间转换角色，治理颇难，林大春云："五岭以外，惠潮最称名郡，然其地跨山濒海，小民易与为乱，其道通瓯越闽楚之交，奸宄易入也，以此故称多盗。"⑥广州至潮州沿海千余里有"民亦贼，贼亦民之谣"。⑦同时，前

---

① （明）郭子章：《蠙衣生粤草》卷7《南澳程乡议》，《四库全书存目丛书·集部》第154册，齐鲁书社2001年版，第599页。

② （明）郭子章：《蠙衣生粤草》卷9《复参将议》，第591页。

③ （明）郭子章：《蠙衣生粤草》卷9《复通判县佐等官议》，第592页。

④ （明）张瀚：《松窗梦语》卷8《两粤纪》，第164页。

⑤ （明）郭子章：《蠙衣生粤草》卷7《弭盗》，第579页。

⑥ （明）林大春：《井丹诗文集》卷11《贺伸威张宪使平寇序》，香港潮州会馆编，夏历庚申年11月。

⑦ （明）温纯：《温恭毅集》卷1《贼势猖獗据城杀掳官民乞赐究处失事官员并议剿灭事宜以远布国威疏》，《文津阁四库全书·集部》第430册，商务印书馆2005年版，第469—470页。

文述及，嘉靖末年，倭寇由浙直转而南下闽广，粤东沿海屡受倭寇侵扰，在倭寇的引领下，沿海商民与之互通声气，平民海商等多沦为盗寇。张瀚谓："余观粤以东崇冈巨浸，内则山寇巢穴，累千百计，外则海寇侵突，借日本诸岛夷为爪牙，流劫纵横，民多废业，踪迹诡秘，兵难驰骋。"①在这种情形下，惠、潮海防逐渐跃升于内地陆防之上。虑及于此，嘉靖四十三年（1564）移总兵驻扎于潮州。

其次，嘉靖四十三年随着张琏诸盗的渐次平定，沿海地区的吴平等与倭寇勾结，为害日甚。发展至嘉靖四十四年，已经是"造战舰数百，聚众万余，筑三城守之，行劫广东惠、潮及（福建）诏安、漳浦等处"的势力②，被明廷视为"广东巨寇"③。对此，嘉庆《重修一统志》载："饶平贼张连（琏）数陷城邑，积年不平，诏大猷为南赣参将合闽广兵讨之。大猷潜师捣其巢，诱连（琏）战，执之。擢副总兵协守南赣汀漳惠潮诸郡，乘胜征程乡盗，平之。由南赣总兵改镇广东，时倭寇与潮州大盗吴平相犄角，诸峒应之，剽掠惠潮间。大猷至，围倭邹塘，一日夜克三巢，大破之于海丰，移师至潮。"④是时，两广总督驻扎梧州，虽时或移镇惠潮，但从广东地区总体的防御格局来看，西路内陆的瑶乱仍然是令时人头疼的大问题。故两广总督，只能在海寇极其严重的情形下临时移镇督理，但东路的海防形势需要部署重兵，因此嘉靖四十三年镇守广东总兵移驻潮州以应对海防事宜。林大春在《贺督府吴公平二源序》中说："大司马吴公出镇两广，首疏辟之，请移将军军于潮州，责以平倭事。"⑤此所谓"将军"即指"镇守广东总兵"，直言总兵移驻潮州"平倭"之目的。

①　（明）张瀚：《松窗梦语》卷8《两粤记》，第162页。

②　《明世宗实录》卷545，嘉靖四十四年四月己丑。

③　《明世宗实录》卷549，嘉靖四十四年八月丁丑。

④　（清）穆彰阿：《嘉庆重修一统志》卷440，《续修四库全书·史部·地理类》第622册，上海古籍出版社2002年版，第396—397页。

⑤　（明）林大春：《丹井诗文集》卷10《贺督府吴公平二源序》。

四　嘉万之间镇守广东总兵驻地迁移与广东地区中路海防

（一）镇守广东总兵移驻广州

嘉靖四十五年（1566）镇守广东总兵再一次设置后不久便移驻广州。万历《广东通志》载："是年（嘉靖四十五年），裁革勋臣，专设总兵镇守广东省城，防汛南头。"①同年还设南头海防参将兼辖广、惠、潮三郡。此所谓"裁革勋臣"事，见《涌幢小品》："两广总兵旧皆以勋臣充之，嘉靖四十五年都给事中欧阳一敬题请革去，以流官都督代镇。"②据此可以推断，镇守广东总兵移镇广州应在嘉靖四十五年。是后，终明一代，镇守广东总兵"继之者辄相沿，安住会省"③。

总兵官移驻广州，一方面因嘉靖末年广东地区的海防任务逐渐持重，且由东路开始蔓延至整个沿海地区，而广州为广东地区之中枢心脏，总兵驻扎在此则方便居中调度。万历间人郭应聘论及此次移驻时指出："嘉靖四十三年，该前督臣吴桂芳议，以平远聚落渐成，改移潮州府城驻扎。嗣因反侧之徒，随处蠢动，遂回扎广城，居中调度。"至万历年间，明廷"令广东总兵官戚继光居常驻扎省城，不时巡历惠、潮、柘林、碣石以及广、肇、南头、广海、恩阳等处。整搠兵戎，振扬威武，稽核训练等项，得以便宜督理。参、游以下并听节制约束"。④在漫长的海岸线上要达到东突西转，"巡历"沿海倭寇、海盗，难免存在距离之虞，故需要选择较为适合的地区以资总兵驻扎，统辖调度，而广州以其独有的"中心"位置成为两广总兵驻扎的首选之地。另一方面，嘉靖四十五年至隆庆年间，中路乃至西路屡受林道乾等海寇侵扰，也是总兵驻地选择的必要考虑。

此外，嘉靖末年以后，葡萄牙殖民者窃据澳门，成为广东地区海防威

---

①　（明）郭棐：万历《广东通志》卷8《藩省志八·兵防总上》，岭南美术出版社2009年版，第203页。

②　（明）朱国祯：《涌幢小品》卷8《总督总兵》，中华书局1959年版，第170页。

③　（明）郭应聘：《郭襄靖公遗集》卷8《请重广东总兵官事权疏》，《续修四库全书·集部·别集类》第1349册，上海古籍出版社2002年版，第193页。

④　同上书，第193—194页。

胁的一股重要势力。嘉靖三十二年（1553）"舶夷趋濠镜者，托言舟触风涛缝裂，水湿贡物，愿借地晾晒，海道副使汪柏循许之。时仅蓬垒数十间，后工商牟奸利者，始渐运砖瓦木师为屋，若聚落然"。①自此之后，澳门迅速发展成为一个对外贸易的外港和国际贸易中继港，吸引了大量中外商民，"百工技艺趋者如市"②。至天启间更是筑城为卫，"闽粤商人趋之若鹜"③。虽然明末澳门地区商贸十分繁荣，但葡萄牙人却不断扩建房屋，加强军事设施，"增缮周垣，加以统治，隐然敌国"④。对广东地区安全形成了较大威胁。万历四十二年（1614）两广总督张鸣冈称："粤东之有澳夷，犹疽之在背也"⑤；万历四十六年（1618）总督许弘纲等上疏云："澳夷佛郎机一种先年市舶于粤，共税二万以充兵饷，近且移之岛中，列屋筑台，增置火器，种落已至万余，积谷可支战守，而更蓄倭奴以为爪牙，收亡命为腹心。"⑥可见至万历末年，窃据澳门的葡萄牙人越来越受到地方大员的关注。为此，早在嘉靖年间澳门开埠之初，明朝政府便设置提调、备倭、巡缉等"守澳"官员以便加强对澳门的防守和管理，后来相继以海道副使、市舶提举驻于香山，万历元年（1573）又设海防同知于濠镜澳以北之雍陌村⑦，万历二年（1574）又在澳门半岛北端设置关闸以控制居澳葡人之活动⑧。毫无疑问，适应澳门海防形势变化的需要，亦是嘉靖四十五年镇守广东总兵迁驻广州的题中之义。

（二）总兵移镇虎门

虽然，嘉靖四十五年以后镇守广东总兵以广州作为其固定驻地，直至

---

①　（明）郭棐：《广东通志》卷69《番夷》，第700页。

②　（明）陈吾德：《谢山存稿》卷1《条陈东粤疏》，《四库存目丛书·集部》138册，齐鲁书社1996年版，第423页。

③　《明熹宗实录》卷11，天启元年六月丙子。

④　（明）郭尚宾：《郭给谏疏稿》卷1，中华书局1985年版，第13页。

⑤　《明神宗实录》卷527，万历四十二年十二月乙未。

⑥　《明神宗实录》卷576，万历四十六年十一月丙寅。

⑦　汤开建：《明朝在澳门设立的有关职官考证》，氏著《澳门开埠初期史研究》，中华书局1999年版，第174—202页。

⑧　吴宏岐：《澳门关闸的历史变迁》，《中国历史地理论丛》2013年第1辑。

明朝灭亡而未有改变，但风汛之时常移镇虎头门以督理海防。万历四十五年，两广总督周嘉莫上《海防事宜疏》：

> 定汛规以便责成，故事春、冬二汛各道皆躬为巡阅。承平日久，多有愆期而往，先期而还，甚且高坐郡城以虚文应者。以后汛期，各道先宜亲临，广州海道于新安，岭东道于海丰，潮惠道于潮阳，岭西守道于吴川，岭西巡道于阳江，海北道于徐闻。总兵官移驻虎头门，内地海防官无论汛期，广州则驻香山，惠州则驻海丰，潮州则驻潮阳，肇庆驻阳江，高州驻吴川，雷州驻徐徐闻，廉州驻永安。①

为此，朝廷敕曰：

> 防海春、冬二汛原有定期，今酌每遇汛期，各道先十日于附海县分驻扎，其总兵官移驻虎头门，俱俟汛，汛毕方回。海防官常川于分派地方驻扎，每遇汛期不得别委管署致妨汛务，即督臣亦于汛期移镇会省，为道镇先，则汛规肃而百凡皆可振举。②

引文反映万历末期，广东沿海汛防制度颇为严密，各道府驻扎地点确定，汛防范围明确，两广总督亦于风汛之时由肇庆临时移镇广州调度指挥。有总督坐镇广州城，相应的广东总兵则移镇于虎门，直赴海防前线，以藩屏内省。

前文已指出，随着两广地区"瑶乱"的基本平定，两广总督府址于万历八年由梧州迁至肇庆以应对日趋严峻的海防形势。此时，两广总督于汛期移镇广州以及广东总兵移镇虎头门均明确的昭示着万历以后，中路的海

---

① 《明神宗实录》卷553，万历四十五年正月乙亥。
② 《明神宗实录》卷557，万历四十五年五月辛巳。

防局势已然成为明末整个广东地区军事防御的重心。

五　余论

镇守广东副总兵、总兵的设置、演变及驻地的变化，同明代广东地区军事地理重心的时空演变密切相关。镇守广东总兵始设于正统十三年（1448），其时广东地区的陆防形势远比海防严重，且陆防重心在镇压粤西山区的少数民族叛乱，故其驻地选在石城甚为得宜。随后，镇守广东总兵官同镇守广东副总兵官的设置交替进行，正统十四年（1449）便罢镇守总兵设镇守副总兵。成化二年（1466）罢镇守副总兵，复设镇守总兵。成化五年（1469）罢镇守总兵，代之以分守高雷廉肇左参将。此后直至嘉靖四十年（1561），广东一直未设镇守副总兵、总兵。嘉靖末年，张琏等聚众起义，聚众数万，劫掠与赣、闽、粤三省边界地区，平叛形势极为严峻。故嘉靖四十一年（1562）设立南赣汀漳惠潮副总兵，俞大猷任之，统辖三省兵力进行平盗。后因大猷平叛有功，遂擢升副总兵为总兵。嘉靖四十二年（1563）张琏之乱平定后，便改为南赣汀漳惠潮副总兵为镇守广东总兵，依然驻扎程乡，但对广东的管辖仅及惠、潮二府。嘉靖四十三年（1564），广东东路的惠潮海寇大盛，为了应对海防形势，镇守广东总兵迁驻潮州。嘉靖四十五年（1566）正月，又裁革镇守广东总兵，以福建总兵兼管广东惠潮二府。然而，由于嘉靖末年，广东倭寇、海盗大盛，福建总兵兼制广东极为劳顿不便，故嘉靖四十五年十月，第四次设立镇守广东总兵，仍驻扎潮州府城。然而在此设置驻扎潮州不久，便因中路在中外势力的鼓动下，海防形势颇为严峻，镇守广东总兵迁驻广州，此后直至明末，其驻地未变。只是在风汛之时，为配合总督调度，移镇虎门，但非常驻。

从镇守广东副总兵、总兵的设置及其驻地变化过程来看，以嘉靖四十三年为界，广东地区的军事地理格局分为明显的两个时期：嘉靖四十三年以前重心在陆防，嘉靖四十三年以后重心在海防；从陆防重心的地理空间来看，又分为两个时期：嘉靖四十年以前的陆防重心在镇压粤西"瑶乱"，此后陆防重心在粤东北赣、闽、粤边界的"盗区";就海防重心的空间来看,亦分两个阶段:嘉靖四十五年之前重心在东路和西路,而此后则重心转移至中、西二路,而以中路尤为重要。虽然嘉靖四十五年海防重心转移至东、西路,然东路亦不可轻视松懈,故万历三年(1575),在南澳岛设立南澳协守副总兵以协助镇守广东总兵的调度,加强粤东海防。

第六章

明代广东地区防御中参将的
设置及辖区变动

从明代整体防务格局来看，明代前中期的防务重心集中在北部沿边地区，嘉靖以后倭寇日炽热，防务重心逐渐转移至东南沿海。就岭南区域防务格局而言，嘉靖以前主要为镇压广西和粤西地区的少数民族动乱。嘉靖末年，粤东海防形势上升，但粤西瑶乱仍未完全平定，因此广东地区的防御重心呈现东西重，中部轻的态势，万历以后随着葡萄牙人的入侵和澳门商业地位的上升，加之倭寇海盗威胁，中路逐渐上升为广东海防的重心。而这一演变过程与分守参将的设置及其辖区变动密迩相关。

第一节　明代参将制度的形成及其演变

　　明太祖建国之前，在南征北讨的过程中便设有参将一职，吴元年（1367）朱元璋命徐达、常遇春等由淮入河，北取中原；胡廷瑞、周德兴等南取福建、广西。并诏谕诸将健斗持重，师有纪律。以常遇春为例，告诫诸将切勿争能轻敌，并说"若临大敌或敌势强则遇春与参将冯宗异分为左右翼，各将精锐以击之"①。洪武年间，明太祖常命侯、伯充参将，进行南征北伐。洪武二十年（1387）春，"命宋国公冯胜为征虏大将军，颍国公傅友德为左副将军，永昌侯蓝玉为右副将军，南雄侯赵庸、定远侯王弼为左参将，东川侯胡海、武定侯郭英为右参将，前军都督商暠参赞军事，

---

① 《明太祖实录》卷26，吴元年冬十月甲子。

率师二十万北伐"①。洪武二十一年东川诸蛮叛乱，"上乃命颖国公傅友德仍为征南将军，英为左副将军，普定侯陈桓为右副将军，景川侯曹震为左参将，靖宁侯叶昇为右参将，统领马步军往讨之"②。此间参将常为辅助大将军或副将军征伐，属大将军统辖，但其地位较高，权力较大。

永乐中期以前，参将之职基本沿承洪武旧制，皆为侯、伯充征伐参将，战事结束，即行罢归，亦无固定的镇守区域。永乐四年（1406）七月"命成国公朱能佩征夷将军印充总兵官，西平侯沐晟佩征夷副将军印为左副将军，新城侯张辅为右副将军，丰城侯李彬为左参将，云阳伯陈旭为右参将，率师征讨安南"③。永乐九年正月"命丰城侯李彬充右副总兵，平江伯陈瑄充参将率领浙江、福建官军剿捕海寇"④。

永乐晚期至洪熙年间，征伐参将逐渐显现出向镇守参将转变的端倪，永乐二十二年，"命都督金事沈清为参将，副武安侯郑亨镇守大同"⑤。洪熙元年，敕大同参将沈清、掌陕西都司都督金事李谦曰："朕比武安侯年老，故命清为参将副之。一应事务清当与武安侯许谋停当乃行，清安敢专擅行之。李谦职掌都司，应有军政须听总兵官武安侯发放。"⑥这表明，参将辅助总兵镇守地方，但一切事务均要听命于总兵官，同时充任参将者已不再限于侯、伯等高爵之人，唯总兵官以侯爵充任。这也使得总兵、参将的等级职权更趋分明，也反映了参将地位的下降。但这一时期，总兵官的设置并不普遍，在未设总兵官的地方，参将则仍以侯、伯充任，扮演者总兵官的角色。如《明仁宗实录》有"宁夏参将保定伯梁铭"一语⑦。《明宣

---

① 肖立军先生认为：在此之前，主要设大将军和副将军等，此时增设了参将。将明代参将之设定在次年。参见氏著《明代省镇营兵制与地方社会秩序》，天津古籍出版社2010年版，第215页。

② 《明太祖实录》卷191，洪武二十一年六月甲子。

③ 《明太宗实录》卷56，永乐四年秋七月辛卯。

④ 《明太宗实录》卷112，永乐九年春正月丙戌。

⑤ 《明仁宗实录》卷4上，永乐二十二年十一月癸未。

⑥ 《明仁宗实录》卷6下，洪熙元年正月甲申。

⑦ 《明仁宗实录》卷8上，洪熙元年三月。

宗实录》亦提到"征西将军、参将保定伯梁铭"云云①。综上可以看出，至此参将的设置仍属参差不齐，没有明确的职权范围和等级划分，制度尚未健全。

《明宣宗实录》中关于宣德时期镇守参将的记载逐渐增多，且镇守参将开始以地方卫所都指挥等官兼任，其地方"镇守"性质进一步强化。宣德元年十月，"命太保宁阳侯陈懋佩征西将军印充总兵官，都督同知陈怀充参将镇守宁夏"②。宣德三年五月，"镇守大同总兵官武安侯郑亨奏，参将都指挥曹俭率军运粮赴开平"③。宣德七年八月，"命署湖广都指挥佥事指挥吴亮为都指挥佥事充参将"④。值得注意的是，这一时期征伐参将与镇守参将仍同时存在，且因时宜之需，征伐参将有时会转为镇守参将。宣德元年（1426）十二月，交阯叛寇猖獗"命太子太傅安远侯柳升佩征虏副将军印充总兵官，保定伯梁铭充左副总兵，都督崔聚充右参将，率官军往交阯，会合总兵官黔国公沐晟等军马剿捕蛮寇"。这里崔聚为临时充任之征伐参将。再如，宣德二年七月，为平定四川松潘"叛蛮"命"都督同知陈怀充总兵官，都督佥事刘昭充副总兵，都指挥同知赵安充左参将，都指挥佥事蒋贵充右参将，剿捕松潘叛蛮"⑤。时赵安为陕西都司都指挥同知，蒋贵为陕西都司都指挥佥事。因松潘平叛之需派二人充左右参将，在总兵官陈怀的统领下率官军自"洮州取路松潘"进剿"叛蛮"。平叛之后，旋"命都指挥同知蒋贵为参将，佐总兵官都督陈怀镇守松潘，敕怀与之同心协力抚恤军民慎固封守"⑥。战时委派的征伐参将随之转为"抚恤军民"的镇守参将。

宣德间参将的镇守性质亦不断强化，逐渐趋于地方化，但此一时期的

---

① 《明宣宗实录》卷5，洪熙元年闰七月庚子。
② 《明宣宗实录》卷22，宣德元年冬十月乙酉。
③ 《明宣宗实录》卷43，宣德三年五月壬子朔。
④ 《明宣宗实录》卷97，宣德七年十二月庚戌。
⑤ 《明宣宗实录》卷29，宣德二年秋七月辛丑。
⑥ 《明宣宗实录》卷90，宣德七年八月乙巳。

参将主要是协助总兵官镇守地方，处于总兵官权力的支配下，没有自己专门的分防范围。

宣德末期，镇守参将开始逐渐向守御一定辖区的分守参将过渡。宣德九年正月，"命万全都指挥使马升充参将，率官军提督开平、独石、长安岭，永宁等处巡哨备御"①。正统七年，命"都督佥事杨洪充左参将守备独石、永宁等处"②。

正统以后，在全国各省、镇总兵辖区内逐渐分出若干参将辖区，在总兵官的统一调度下实行分路防守，参将分守体制逐渐形成，并不断细化。如大同镇在正统元年便划分出了明确的参将分守地域。正统元年（1436）九月，巡抚大同、宣府右佥都御史李仪奏："大同东、西二路不可无人巡哨，乞遣副总兵罗文巡哨东路，阳和、高山、天城、镇房四卫听其调度；参将陈斌巡哨西路，大同左、右、云川、玉林、朔五卫听其调度。"③副总兵、参将负责巡哨东西两路，各领一路，各司其职，且所辖地域非常明确。至嘉靖年间，大同镇北部屡受蒙古骑兵骚扰，嘉靖十八年毛伯温修建宏赐、镇房、镇河、镇边、镇川内五堡，"为云中腹背之地，北通沙漠、南翼镇城，东亘阳和，西连左卫，三面开耕，一面控御"④，为大同镇之北部屏障，故明廷于当年设分守参将于宏赐堡，作为北路分守。之后嘉靖二十三年（1544）又增设南路参将，《明世宗实录》载：嘉靖二十二年十二月，总督侍郎翟鹏奏："设分守应州南路参将一员，以各城原选骑、游援兵三千隶之。"⑤此次建议得到嘉靖帝的批准。但南路参将的真正设立似在第二年，嘉靖二十八年巡抚大同都御使李仁上奏："大同南路应州、浑原、灵丘、广昌、山阴、马邑、怀仁七成马旧属总兵，自二十三年增置

---

① 《明宣宗实录》卷108，宣德九年正月癸卯。
② 《明英宗实录》卷96，正统七年九月丁卯。
③ 《明英宗实录》卷22，正统元年九月壬戌。
④ （清）吴辅宏：乾隆《大同府志》，《中国地方志集成·山西府县志辑》，凤凰出版社2005年版，第84页。
⑤ 《明世宗实录》卷281，嘉靖二十二年十二月壬申。

参将于应州，乃分隶之。"①可见南路参将驻地应州，其辖区亦十分明确。嘉靖二十八年，又与北路和南路分别划出一部分增设北东路和北西路参将，万历《明会典》载："北东路参将旧系北路，嘉靖二十八年改设，驻扎得胜堡。"②"守北东路（参将），分辖镇羌、拒墙、弘赐等八堡。"③同年二月，总督宣大翁万达上奏："请移南路应州城参将于助马堡，为分守北西路，分辖保安、拒门等七堡诸堡。"④

　　除此而外，笔者据明代《实录》资料统计，在英宗正统年间以后，北方沿边各镇逐渐在总兵辖区内划出若干"路"作为参将分防区域，同时参将区的设置逐渐密集，分守范围逐渐缩小，这种安排加强了沿边各军事防区的应援能力，使得边地防守体系更加严整。

　　综上可见，明代参将制度经历了由临时委派征伐参将、协助总兵镇守地方的镇守参将到独辖一区的分守参将的演变过程，正统间分守参将的出现标志着明代参将制度的形成。经明一代，参将分守体制不断趋于完善，最终形成"总镇一方者为镇守，独镇一路者为分守，各守一城一堡者为守备，与主将同守一城者为协守"的军事防守体系。嘉靖以后，海氛日涨，参将分路防守在东南沿海各省得到了进一步的实践。

第二节　明代前中期广东区域参将设置及其辖区演变

　　明代中期以后，广东区域海氛日涨，加之山寇窜窃，相互勾连，军事防务日渐吃紧。尤为严重的是，环海地域，海洋辽远，海岸线绵长，调兵协济"经岁不至"，造成防守疏阔，贼害尤甚。故此，明廷开始借鉴北边

---

① 《明世宗实录》卷 353，嘉靖二十八年十月壬寅，
② 万历《明会典》卷 126，《镇戍一》，中华书局 1989 年版，第 653 页。
③ 《明世宗实录》卷 345，嘉靖二十八年二月甲子。
④ 《明世宗实录》卷 345，嘉靖二十八年二月甲子。

各镇的分路防守体制①（即在总兵官节制之下，镇内实行由分守参将负责分区防守的制度），在广东地区也设置参将，分区防守。如此不仅责任明确，必要时尚能相互应援，以达兼济之效。明代广东区域参将的设置及其分守辖区的变动同整个陆海防御重心的时空演变密不可分。

一　从高雷廉肇参将到电白参将：广东地区西路陆防向海防偏重

明代广东地区参将的设置始见于天顺八年（1464）②，广东布政司右参议王英、按察司副使邝上言两广贼情曰："（两广）地方广阔，宜令总兵官范信统兵于高廉雷一路往来截杀，委备倭都督佥事张通暂充参将领兵于广州城以北自三江口至封川县一带水路堤备，遇警，二将各统游兵、民快两路夹攻，则广西之贼不敢越过广东之界。"③虽然张通以备倭都督佥事临时充任参将，但已经有了明确的分防区域，随后去张通备倭之名，专以参将之职分守地方。成化二年（1466）"敕广东署都指挥佥事王瑛充参将分守肇庆等处地方"④。这里第一次出现明确的参将"分守某处"等语。成化三年（1467），命"广东按察佥事陶鲁，参将署都指挥佥事王瑛等亦统兵分道追剿流贼廖婆保等于化州陈村、钦州灵山、畬禾岭等处"⑤。成化四年（1468）十一月"命广东参将署都指挥同知王瑛子钦"袭父职。从后边的记载看，成化二年王瑛当是以广东参将之名分守肇庆等处，而非"分守肇庆等处参将"。换言之，此时广东地区设立的参将并没有固定的驻地。

成化五年（1469），以"都指挥同知杨广充左参将，分守高雷廉肇"⑥，驻扎肇庆。据万历《肇庆府志》："旧参将府即今高要县地，成化

---

① 关于明代九边各镇参将分守体制的研究可参考刘景纯《明代九边史地研究》（中华书局2014年版）一书。

② 李爱军：《明代广东军事地理研究（1638—1644）》，世界图书出版公司2015年版，第157页。

③ 《明宪宗实录》卷10，天顺八年冬十月丙辰。

④ 《明宪宗实录》卷33，成化二年八月辛丑。

⑤ 《明宪宗实录》卷38，成化三年春正月戊寅。

⑥ 《明宪宗实录》卷73，成化五年十一月己亥。

间参将杨广创建。"①这是明代广东第一次确立有明确的辖区和固定驻地分守参将。嘉靖二十五年（1546）参将武鸾重修参将府，兵备佥事陆子明作记文曰：

> 　　天下戎患，北有胡□，南有粤，而西粤视东粤尤要，盖西粤之地，山菁绵险，林薄阻深，小口中漫，上广下锐，蜿蜒数千里，计日之程，无舍荛焉。世为獞傜所据，而狂佟亡命之徒往往窜附，相与呼啸，蜂屯蚁聚，狐伏鼠游，不可尽□，而薙之地使然也。东粤列郡，惟雷廉高肇接壤于西之浔洲，肇之开建、封川，沂流而上至藤江，直抵于浔；高之电白、信宜由间道径浛溪，直抵于浔；自藤直沂，北流郁林、博白、陆川，出石城，抵雷州，复自石城经廉州之灵山下，横州亦会于浔。浔之路，会通于雷廉高肇，则雷廉高肇宜有专备，是以特设参将以控制之。使一方之民，籍之以为□，而肇为三郡之枢，负险尤著，开府于肇，握其要也。肇旧府因参将杨广所居之，室修而大之，以为府。日久堂舍倾颓，武侯至，愀然曰："是不可以蔽风雨……遂大新之。"②

此记文道出参将的设置主要是为控扼广西流贼之奔窜，同时肇庆"三郡之枢"的优越地理位置成为参将府的最佳选址。分守高雷廉肇左参将设立之后，在讨伐粤西及广西地区流贼的过程中卓有成效。如成化七年（1471）三月总督两广右都御史韩雍奏："广西流贼来寇广东信宜县，参将杨广及副使孔镛等率兵追至蓝村克之。"③成化九年夏四月两广总兵官平乡伯陈政等奏："广西蛮贼流劫广东阳山县等处，左参将都指挥杨广等率

---

① （明）郑一麟修，叶春及纂：万历《肇庆府志》卷15《兵防志一》，岭南美术出版社2009年版，第289页。
② 同上。
③ 《明宪宗实录》卷89，成化七年三月丁亥。

兵屡败之，前后斩获一百十五人。"①成化十二年十二月，总督两广军务右副都御史朱英等奏"广东泷水县猺贼累招累叛，近复聚众杀掠人畜，臣等已令参将杨广率领番汉官兵相机抚剿。"②分守高雷廉肇参将驻扎肇庆时间较长，直至嘉靖十五年（1536），兵部覆两广抚镇官钱如京等奏请："以分守雷廉高肇参将移驻神电卫城，往来阳春等处，剿捕盗贼，岭西分官移驻高州城，彼此应援。旧电白与信宜二处，各委神电卫指挥一员，添拨军壮，更番守哨。"即此时才将参将府移至神电卫城。

相关文献显示，早在明弘治间曾于高州电白县设立过神电参将，《明孝宗实录》载弘治十年（1497）十月礼科给事中吴仕伟奏称：

> 广东高州府云炉、大桂二山俱当贼冲，电白县治旧在云炉山口，因避贼迁神电卫城内。其城堡遗址尚存，请以平山巡检司移置其中。仍调官军一哨给予田业，使之耕守，有警，人自为战，以免调发之劳，其大桂山口亦如之。又神电、高州当雷廉肇庆各府之中，有警易于应援，神电原设参将一员，高州设兵备副使一员，近因泷水有事，参将暂移肇庆，遂为常居之所，而兵备副使往来他处无定在。请命参将还驻神电，兵备副使专守高州，以便居中调度。③

随后，吴仕伟的建议得到朝廷批准。神电参将处于高雷廉肇参将辖区，后"因泷水有事"而移镇肇庆，与雷廉高肇参将同处肇庆府，随后复"还驻神电"。万历《高州府志》电白县下有"参将府在城隍庙东"一语。④可见其时电白县确设有神电参将，但具体存废时间无考。从管辖区域

---

① 《明宪宗实录》卷115，成化九年夏四月庚午。
② 《明宪宗实录》卷160，成化十二年十二月癸未。
③ 《明孝宗实录》卷130，弘治十年十月甲戌。
④ （明）曹志遇纂修：万历《肇庆府志》卷1《公署》，《日本藏罕见中国地方志丛刊》，书目文献出版社1990年版，第17页。

上看，电白参将与高雷廉肇参将有重叠现象，这亦无可厚非，高雷廉肇参将辖区广阔，参将驻肇庆府难免有鞭长莫及的情况，且肇庆地处内陆，一遇海警，实则调度不便。又电白地在边海，且"神电、高州当雷、廉、肇庆各府之中，有警易于应援"故设神电参将以达协济之效。

从神电参将的设立和高雷廉肇参将由肇庆迁驻神电卫城可以看出，参将分防的重心逐渐由内陆向沿海地区转移。随后因倭患和海寇对沿海地区的骚扰，逐渐增设参将以资弹压。

二　海南岛设置参将与参将辖区的变动

嘉靖十九年（1540），海南岛崖州、万州等地黎人叛乱，攻逼城邑，地方政府无力镇压，提督两广都御史蔡经奏请，设分守琼州参将：

> 添设参将一员驻扎崖、陵，分守琼州地方及兼管琼、雷、廉州海洋备倭。其原设总督备倭官仍驻扎东莞，止令专管广、惠、潮、高海洋备倭。兵部覆言：琼州悬居海中，延袤三千里，黎峒盘处，犷险难制，而崖州、陵水去黎由近，虽有督备，指挥势轻，况今黎贼构乱，难以弹压，诚宜改设参将，若广东备倭旧有都指挥一员为之，（备倭）总督虽驻扎东莞，于琼、雷、廉西路海洋稍远，而经岁不至，以弛其防，则（备倭）总督之旷职非官不备也，宜不可改。上乃听，增琼州参将，令事宁之日，镇巡议存革，以闻。①

从上文可以看出，琼州参将之设原因有二：其一，海南黎人叛乱，地方兵力单薄，无力镇压。其二，此前广东沿海地区备倭海防之事由驻扎于东莞的备倭总督负责，但广东地区海岸线绵长，"琼雷廉西路海洋稍远"，鞭长难及，防备松懈，故须以参将领其海防。换言之，这一时期广

---

① 《明世宗实录》卷238，嘉靖十九年六月戊辰。

东海海防事宜由备倭总督和琼州参将分区负责。这是广东地区第一次以
"海洋备倭"之需而设参将，其分防区域当包括海南岛在内的明代广东西
路沿海地区。琼州参将设立后，嘉靖二十六年（1547）提督两广侍郎张岳
奏革①，稍后至嘉靖二十九年，提督两广右侍郎欧阳必言：

> 琼州孤悬海外，所属十三州县地大且远，蛮黎蟠据其间，数
> 持吏短长为变，非一副使所能弹压。请增设分守一人于儋州，参
> 将一人于崖州，而复设一守备于琼州感恩，以为声援。兵部覆增
> 设参将当如议，守备不必设第。当择指挥知兵者充感恩把总，以
> 防不虞，从之。②

随后，即命钦州守备署都指挥使俞大猷充右参将往守琼崖，是为分守
琼崖参将。但参将驻地并未依如欧阳必所议，设在崖州，而是驻扎琼州，
万历《琼州府志》载："参将府在府治西，成化癸巳，副使涂棐立为公
馆；弘治壬子，改为海南道治；嘉靖乙酉，奏设琼崖参将，改为今治。"③
琼、崖分处海南道南北两端，命为"琼崖"参将，可窥其分辖范围当包括
整个海南岛。嘉靖三十二年（1553），将高雷廉肇参将所辖之雷、廉二府
的防务划归琼崖参将管辖，是年三月，两广提督侍郎应槚等言："岭西左
参将驻肇庆，兼管雷、廉，相去几二千里，控制既远，策应尤难。海南右
参将驻琼州，与雷州隔海，直止五里，去廉州不及五百里，乞割雷、廉二
府辖右参将，而令左参将兼管韶广。"兵部从其议④。这里的岭西左参将当
是原高雷廉肇参将之别称，《天下郡国利病书》载："成化壬辰，设分守

---

① 《明世宗实录》卷324，嘉靖二十六年六月庚寅。
② 《明世宗实录》卷358，嘉靖二十九年三月癸酉。
③ （明）戴熺、欧阳璨修，蔡光前纂：万历《琼州府志》卷7《兵防志》，岭南美术
出版社2009年版，第221页。
④ 《明世宗实录》卷395，嘉靖三十二年三月戊戌。

岭西左参将，管雷廉高肇四府，并广州府新会、新宁二县隶焉。"①可证。
从空间部署上看，这种安排甚为合理，"岭西左参将"驻扎肇庆，去雷廉
二地甚远，一旦遇警，奏报不能及时到达，且征调为难，策应不及。而琼
崖参将毗邻雷、廉二地，隔海相望，兼管雷、廉颇为便利。相较而言，
韶、广二府西部紧邻肇庆，划归岭西参将管辖当在情理之中。自是，岭西
（高雷廉肇）左参将改称为"分守广肇地方左参将"，琼崖参将改称"分
守琼雷地方右参将"②。

嘉靖三十六年（1557）分守广肇地方左参将迁驻新兴县。是时，兵
部覆提督两广侍郎谈恺奏："广东新兴县塘宅堡为广、肇二府喉舌之冲，
徭贼出没之地，宜修筑城垣，创建参将衙门，令参将钟坤秀移兵屯驻其
地。"③关于迁移原因嘉靖《广东通志》有载：

> （嘉靖）三十九年庚申，用肇庆府通判吕天恩议，移广肇
> 参将府于新兴县塘宅堡，盖塘宅堡地方乃新会、新宁、新兴、恩
> 平适中之地，四面崇山峭壁，盗贼渊薮。先年大征，曾建衙门。
> 令高肇韶广参将在彼驻扎，遇有警报，会、宁等官兵悉听本官训
> 遣，杀截塘宅堡。旧有建立仓廒，将新会、恩平、新兴三县派定
> 存留仓米分拨附。④

据上文可见，此次迁驻主要是新兴塘宅堡控扼要害，兵马粮饷便于调
度。⑤但有两个问题仍须解决，一是关于分守广肇左参将移驻新兴县塘宅堡

---

① （明）顾炎武：《天下郡国利病书·广东中备录二十七》，《四部丛刊三编·史部》
第七册，上海书店 1985 年版，第 29 页。
② （明）黄佐纂修：嘉靖《广东通志》卷 31《政事志四》，岭南美术出版社 2009 年，
第 783 页。
③ 《明世宗实录》卷 444，嘉靖三十六年二月己酉。
④ （明）黄佐：嘉靖《广东通志》卷 67《外志四》，第 1764 页。
⑤ （明）顾炎武：《天下郡国利病书·广东下备录十》，《四部丛刊三编·史部》第
七册，上海书店 1985 年版，第 9 页。

的时间有嘉靖三十六年和三十九年（1560）两说。笔者以为《广东通志》之"三十九年"当属误植，《天下郡国利病书》记："分守广肇地方左参将一员，嘉靖三十六年奏移塘宅堡。"①嘉庆《重修一统志》卷448亦曰："开平屯，今开平县治，本新兴县地。明成化中割属恩平，嘉靖十三年设塘宅堡于恩平之长居都，在县东北一百里，防新会、新宁诸山贼。三十六年移广肇高韶参将驻此。"②故《明世宗实录》之嘉靖三十六年为是。另一是关于此次参将府的移驻是由谁提出的问题，前后引文有谈恺、吕天恩两种不同的记载，其实这两者并不矛盾，据《天下郡国利病书》载当时吕天恩将此议："呈奉提督府会同总兵官具奏乞。"③可见，此议最早提出者确为肇庆府通判吕天恩，但他将此建议提交于当时的两广总督谈恺，随后由谈恺上奏朝廷。同时，前揭引文中称分守广肇左参将为"高肇韶广参将"，可知其管辖范围增为高、肇、韶、广四府之地。

第三节　嘉靖末年参将的设置与广东东路海防

一　惠潮参将的设立与广东地区东路防务重心的转移

明代广东东路地区于嘉靖三十九年（1560）始设分守惠潮参将。是年三月，提督两广侍郎郑绹条陈"惠、潮二府海倭、山盗并起，请添设参将一员专驻揭程，督兵防御；岭东分守独居省城，兼领南韶、惠、潮四郡不便，宜仍以广州、南韶隶岭南分守，而岭东专管惠潮，仍改赐敕书，令其兼理海防"④。从稍后的记载来看，此次提议随后便得以实施，《明世

---

① （明）顾炎武：《天下郡国利病书·广东下备录十》，《四部丛刊三编·史部》第七册，上海书店1985年版，第9页。

② （清）穆彰阿：《嘉庆重修一统志》卷448《肇庆府》，《续修四库全书·史部·地理类》，上海古籍出版社2002年版，第594页。

③ （明）顾炎武：《天下郡国利病书·广东下备录十》，《四部丛刊三编·史部》第七册，上海书店1985年版，第10页。

④ 《明世宗实录》卷482，嘉靖三十九年三月庚辰。

宗实录》嘉靖四十年三月癸亥条载："广东惠、潮山贼黄启荐等众数千，流劫海丰、碣石、归善等县，攻破甲子门千户所，杀百户魏祚，总督抚按官郑绐等以闻，因劾参将李勋等弃城纵寇之罪，诏总镇、守巡等官亟督兵扑剿，其胁从人等随宜招抚勋等下，按臣逮治。"①引文中海丰等沿海各县因山贼流劫而归罪于参将李勋，此处虽未表明分守何参将，但可以肯定当为惠潮参将无疑。随后对另一件类似事件的记载中便明确标为"惠潮参将"，同年七月，"以倭贼侵陷广东潮州府大城所，诏夺惠潮参将张四维俸三月"②。王士骐《皇明御倭录》记载略同。③综上可见郑绐"请添设参将一员专驻揭程"者，是为惠潮参将，其设置时间当在嘉靖三十九年（1560）三月后不久，驻扎揭阳镇守。

相关文献显示，虽然嘉靖末年广东东路的陆防仍十分重要，但惠潮参将的设置及其防御的重心逐渐向海防倾斜，从一定程度上凸显了嘉靖末期广东海防形势的上升。自嘉靖三十七年（1548）以后，倭寇连年屡犯沿海地区，且这一时段倭寇的侵扰主要集中在东路沿海地区。据不完全统计，嘉靖三十七年至嘉靖四十四年（1565），倭寇侵扰广东沿海地区共12次④，全部发生在惠、潮地区。同时这一时期，粤东的山贼趁机窃发，勾结海盗、倭寇，为害其巨。明人黄佐《岭东平三饶寇碑》载："自岁丁未，倭奴窥潮东鄙，戊午遂侵饶平。于是逆贼张琏负固窃发，始则肆行剽掠，恐吓乡众以遏追呼，旋苞三饶，筑重城，结围寨以自固。已而四往结聚，大埔则贼酋萧雪峰，程乡则贼酋梁宁、王朝曦、王子云，南洋则贼酋王伯宣，煽动飙发，海陆相为犄角。"足见当时东路地区海防形势的严峻。在随后的记载中更是明确指出潮惠参将设置的海防动因，其时东路的陆海防御空间分为前、后、左、中、右五哨，其中"简奇兵三千为左哨，控扼要地，防遏海倭，统以惠

①　《明世宗实录》卷494，嘉靖四十年三月癸亥。
②　《明世宗实录》卷499，嘉靖四十年七月癸巳。
③　（明）王士骐：《皇明御倭录》卷8，《御倭史料汇编》第三册，全国图书馆文献缩微复制中心2004年印，第175页。
④　范中义、仝晰纲：《明代倭寇史略》，中华书局2004年版，第158页。

潮参将张君四维，仍令与前哨夹击攻克石湖、马岗等巢寨"①。直接反映惠潮参将"防扼海倭"的军事考量。即使如此，但此时分守惠潮参将仍属以陆防名义兼管海防。至嘉靖四十三年（1564）因广东总兵移驻潮州，遂改惠潮陆路参将为惠潮把总，后因南京兵科给事中李崧条陈，惠、潮二府当设参将，总督都御使李公迁题覆，万历八年（1580）总督侍郎刘公尧诲题革，万历十一年（1583）总督侍郎郭公应聘题复。②

二 南头参将的设立与广东地区中、东路海防

如前述，嘉靖末期广东地区的海患主要集中在东路的惠、潮沿海。这一时期，除倭寇、海盗而外，嘉靖四十三年（1564）潮州柘林澳水兵叛乱使得东路海防形势雪上加霜。其时：

> 广东东莞水兵徐永泰等四百人守柘林澳，五月无粮，皆怨望思乱，会领军指挥韩朝阳传总兵俞大猷檄，调戍潮阳海港，诸军益怒，遂鼓噪。执朝阳数入外洋，与东莞盐徒及海南栅诸寇合，进逼省城。抚按官遣人责问乱故，以潮州知府何宠不发军粮对朝阳，亦归罪千户于英。事闻，诏下朝阳、宠英于御史问夺，海道副使方逢时、佥事徐甫宰戴罪杀贼。③

在潮州柘林防守的东莞水兵因当地军官克扣粮饷而叛乱，同时与海盗、盐徒勾连而发，这使得当事者不得不考虑对海防予以重视。故此，该年十月"添设广东惠潮海防参将一员"专管惠潮海防事宜。④同时还将广东

---

① （明）黄佐：《岭东平三饶寇碑》，收入（明）黄宗羲《明文海》卷69，《文津阁四库全书》第487册，商务印书馆2005年版，第746页。
② （清）吴颖纂修：顺治《潮州府志》卷1《地书部·文武官沿革考》，岭南美术出版社2009年版，第163页。
③ 《明世宗实录》卷532，嘉靖四十三年三月甲寅。
④ 《明世宗实录》卷539，嘉靖四十三年十月庚辰。

总兵的驻地从程乡移驻潮州。[①]至此，东路地区陆防与海防分理，这也是明代广东地区首次设立以海防为名的参将。但惠潮海防参将设立不久便被裁撤，其所辖潮、惠沿海地区划归南头海防参将管辖。

南头海防参将设于嘉靖四十五年（1566），据万历《广东通志》："南头海防参将一员，嘉靖四十五年设，驻扎南头，兼理惠潮。"[②]前文已指出，嘉靖十九年（1540）广、惠、潮三府"海洋备倭"事宜由驻扎东莞总督备倭官管辖。此时，三府之海防归由南头海防参将负责。但不久便有人提出南头参将于惠、潮地区较远，有鞭长莫及之虞，据《明世宗实录》：嘉靖四十五年海贼吴平败亡后，其余党陈新老、林道乾等复窥潮州南澳地方，议者以"南头参将去海洋远，不便弹压，欲于南澳别设参将，募重兵守之"。但是侍郎吴桂芳认为南澳"地险而腴，在胜国时设兵戍守，其后戍兵即据之以叛，此所谓御盗生盗，覆辙照然，不如置戍柘林，而以南头参将及该府捕盗官节制督察之便，报可"[③]。此次建议因吴桂芳之反对而流产。稍后不久，再一次出现以此议增南澳参将的呼声，但依旧因福建巡抚涂泽民之反对遂寝，《明穆宗实录》隆庆元年（1567）十二月戊戌条载："先是，福达以广寇充斥，议增设南澳参将一员，兼统闽广，兵船驻大城所防剿。巡抚涂泽民以为，闽广所忧不在将少，在所用不得其人，宜如旧便。"[④]以上两则议设南澳参将的事例从侧面反映出南头海防参将兼辖惠、潮海防的困难。这里需要特别注意的是，后条引文中的"先是"二字隐含议设时间颇为含糊，核实而论，南澳参将的议设时间本非重大学术问题，但通过前后两次议设时间的对比，对笔者认识这一时期广东海防地理形势至关重要，故容略赘数语。从引文中可以看出，第二次议设发生在隆庆元年十二月之前，福达其人无考，但涂泽民任福建巡抚的时

---

①　《明世宗实录》卷538，嘉靖四十三年九月癸亥。

②　（明）郭棐：万历《广东通志》卷8《藩省志·兵防总上》，岭南美术出版社2009年版，第203页。

③　《明世宗实录》卷562，嘉靖四十五年九月壬辰。

④　《明穆宗实录》卷15，隆庆元年十二月戊戌。

间为嘉靖四十五年至隆庆三年（1569年）。^①换言之，此次建议应在嘉靖
四十五年至隆庆元年十二月之间。极有意思的是，第二次议设夭折之后不
久，涂泽民自己亲上《请设大城参将疏》：

> 议得海防之策，惟在设备周密，将领得人。南澳地属广东，
> 原设水寨，移入柘林；又以兵变废掣，遂致海寇纵横，生民荼
> 毒。臣等卷查嘉靖四十年十一月二十五日淮江广纪功监察御史段
> 顾言题"为条陈三省善后事宜等事"，随该兵部覆议："内开南
> 澳，实广东冲要之地，原设把总驻扎，不知何年潜移柘林，弃
> 险于贼，委为失策。合行两广总镇官将，大金门把总仍旧移驻南
> 澳，督率官军修补战船，专备海寇"等因，题奉钦依在卷。事在
> 隔省，未知曾否遵行？然明命见存，昭然可考。近该镇守福建总
> 兵官戚继光奉敕兼管惠、潮，亦为"直言地方利害条陈勘定事宜
> 等事"，议欲南澳东西二路，广东、福建各设兵船一枝，选委把
> 总一员统领；仍设水路参将一员驻扎大城所，统督防御，诚为防
> 海要策。本官已经条疏具题，见该兵部议覆上请。臣等恭候明
> 旨，钦遵施行。^②

随后此议迅速得到实施，隆庆元年（1567）正月："命福建行都司掌
印署都指挥佥事胡守仁为广东大城所水路参将。"^③

前揭第二次议设南澳参将时便将其驻地选在了大城所，大城所位于海
阳县东南隅，处粤、闽水陆交界之地，从福建进入广东驿道在此地通过，
其南十余里就是南澳岛与柘林半岛之间的海峡，为浙、闽经海道南下广东
的必经之途，与南澳岛南北相挟，扼守着广东的东门。那么隆庆元年正月

---

① 张德信：《明代职官年表·巡抚年表》，黄山书社 2009 年版，第 2265—2271 页。
② （明）涂泽民：《请设大城参将疏》，《明经世文编》卷 353《涂中丞军务集录》，
中华书局 1962 年版，第 3796 页。
③ 《明穆宗实录》卷 3，隆庆元年正月壬午。

这次"以胡守仁为大城所水路参将"之举应是对前两次建议重新考虑之结果，故第二次建议应发生在嘉靖四十五年年末，与第一次建议时隔很短。在这么短的时间内两次提议设南澳参将，说明：其一，其时广东东路南澳周边地区海防形势十分严峻，而南头参将驻地遥远，指挥调度极为不便；其二，嘉靖四十五年镇守广东总兵移驻广州，东路防守明显疏略，故需设参将一员以严防守。郭子章《复参将议》中说："自总兵移镇之后，参将一员驻潮州（大城）。"①明代自洪武至万历初对南澳岛的弃守问题一直争论不休，但南澳岛关涉粤省海防安全又不得不防，故设大城水路参将，采取较为保守的间接防御。

覆实而论，大城所水路参将的设立，主要针对的仍是南澳岛的防守问题，同时可"联束漳潮水寨，以备不虞"②。故其防守范围并不辽远。此时惠、潮沿海大部分地区的海防仍属南头参将负责，故南头参将又号为"督理广东广惠潮海防参将"。据《明穆宗实录》，隆庆五年（1571）二月，罗继祖由高肇参将更调为南头参将。③隆庆六年（1572）二月又有"调督理广东广惠潮海防参将罗继祖别用"一语④，可见南头参将即是督理广东广、惠、潮海防参将无疑，因而其辖区涵盖广东地区的中、东二路。

第四节　明代晚期广东地区陆海防御参将
设置及辖区的变动

隆庆六年六月，提督两广军务兵部右侍郎殷正茂奏：

---

①　（明）郭子章：《蠙衣生粤草》卷7《复参将议》，《四库全书存目丛书·集部》第154册，齐鲁书社2001年版，第591页。
②　（明）张瀚：《松窗梦语》卷8《两粤记》，中华书局1985年版，第166页。
③　《明穆宗实录》卷54，隆庆五年二月己亥。
④　《明穆宗实录》卷66，隆庆六年二月戊子。

岭海之间道路辽远，虽设有营兵陆将，然惠潮往返必经月余。雷廉之于琼崖，渡海远涉，恩平、阳江相隔数百里，既无县治又无将领，皆有难于兼治，水路虽设陆寨，然自潮至琼，东西相距延袤五六千里，各寨所管信地，远者千余里，其间海洋浩荡，港澳多门，使各寨兵船合宗巡哨，则顾此失彼，势既难周，分港防守，则船少势孤，力又不足，是以各贼乘虚登岸，防截为难。议欲东、西设立游参将二员，及雷廉潮惠等地方各添设参将守备把总等官，庶分布既密，剿捕无难，山海之间，盗贼自息。因荐参将晏秋元等堪任。①

从引文可以看出，此时广东沿海地区，由于海岸线绵长，港澳众多，加之防守疏阔，当海盗、倭寇登岸劫掠时"顾此失彼，势既难周"，因此建议增设参将、游击、把总等官，提升防御层次度与纵深度，加强整个广东区域防务的密度和协调度。

一　广东地区陆路参将的变动与兼辖海防

隆庆六年（1572）七月，将琼崖参将原管之雷、廉地区分出，另设雷廉参将，驻扎雷州府；革惠潮陆路参将，惠州专设参将，以现任参将沈学思驻扎海丰县；潮州添设参将，以原任参将李诚立改补，各分守地方。②万历四年（1576）二月，高肇韶广陆路参将析为高州参将和肇庆韶广参将，分辖所在陆防事宜。两广总督凌云翼言："岭西徭獠渊薮，地方旷远，非一参将所能备御，又土兵每遇倭警，冲锋陷敌不若浙江，其以高肇韶广参将分为二：一专守高州，一专守肇庆韶广。"③从"每遇倭警"一语可以看出，陆路参将时或兼辖海防。

---

① 《明神宗实录》卷2，隆庆六年六月乙亥。
② 《明神宗实录》卷3，隆庆六年七月丁酉。
③ 《明神宗实录》卷47，万历四年二月癸酉。

明代嘉靖末至万历初年，德庆罗旁瑶日益坐大，叛乱不止，广东地区西部山区成为动荡多事之地。嘉靖四十二年（1563），两广总督吴桂芳尽斩西江肇庆至梧州沿海及泷水沿江的原始森林，并沿江遍设重兵，营建寨堡，"且耕且守，于近嵊之地以屯，扼其往来之冲，撤其障碍，剪其羽毛。"①但是罗旁"瑶乱"并没有得到很好的缓解。至万历三年（1575），总督凌云翼调集十余万大军大举征剿，"诸部路兵号三十万，八道并进"，"破诸峒五百六十有四，俘斩四万二千有奇，拓地数百里，置郡县"②。随后对罗旁地区一直保持着强大的军事压力，至万历七年（1579），罗旁瑶民事变基本得到平定。

在这一过程中，为配合对罗旁征瑶的军事进程，万历四年（1576）高州参将与肇庆韶广参将分设不久便将高州东北部和肇庆府西部部分地区划出，设置东山、西山二参将。其中，东山参将万历五年（1577）又驻扎富霖所，领兵三千名，内分一枝戍守南乡；西山参将万历五年驻函口所，领兵三千，内分一枝戍守封门所。③万历五年五月，升肇庆府德庆州为罗定直隶州，辖西宁、东安二县。④东山、西山二参将以泷水为界分守罗定州东、西二部。逮及万历十八年，广东督抚按奏言：

> 东安、西宁二县为两山根本，而掘峒为罗定要地，议以东山
> 参将改驻东安县城，西山参将改驻西宁县城，中路守备春、夏驻
> 扎州城，秋、冬专驻掘峒。兵部覆奏从之。⑤

至万历末年，罗旁地区已不足为虑，而沿海的葡萄牙人则骚扰不断，

---

① （明）吴桂芳：《开伐罗旁山木疏》，《明经世文编》卷342，中华书局1962年版，第3670页。
② （清）谷应泰：《明史纪事本末》卷61《江陵柄政》，中华书局1977年版，第949页。
③ 万历《明会典》卷127《镇戍二》，中华书局1982年版，第658页。
④ 《明史》卷45《地理志六》，中华书局1972年版，第1147—1148页。
⑤ 《明神宗实录》卷220，万历十八年四月己丑。

加强对澳门的防守得到明廷的重视，故万历四十六年（1618）广东巡视海道副使罗之鼎言："香山蚝镜澳为粤东第一要害，以一把总统兵六百防守无裨弹压，可移罗定东西一将，抽兵六百助守澳门。"广东布、按二司称："以澳视罗定则罗定为稍缓，以西山较东山则东山又稍缓，宜以东山改设守备，隶西山参将提调。"①革东山参将置守备，隶属西山参将管辖，调其部分兵力应援澳门海防。是后，终明一代西山参将一直驻守在广东的西路山区，是扼守两广山贼流窜的中坚力量。

二 陆海参将及辖区变动与广东中路海防

隆庆六年（1572）七月，于广东地区添设西路巡海参将与东路巡海参将②，万历三年（1575），东路巡海参将管南头参将事。③万历四年，题议南头参将止防广州，其信地东自鹿角洲起西至五洲山止。④至此，南头参将只管广州一府海防事宜，是为广州海防参将，说明广东中路海洋防御地位的上升。同年三月，"以惠州、琼崖、雷廉参将分守该府陆路等处兼管海防，改西路巡海参将为阳电海防参将，其增造船只，并募兵等费，悉于该省章程余饷内动支"⑤。原西路巡海参将所辖之琼州府海防归琼崖陆路参将兼辖，雷、廉州二府海防划归雷廉参将管辖，高、肇二府海防归阳电海防参将负责；东路巡海参将所辖之惠州府海防归惠州陆路参将兼辖。

万历末年，澳门沿海一带葡萄牙人与倭寇、海贼等相互勾结为害甚巨。万历四十六年（1618），时任两广总督许弘纲、巡按御史王命璇奏：

> 澳夷佛郎机一种，先年市舶于奥，供税二万以充兵饷，近

① 《明神宗实录》卷576，万历四十六年十一月壬寅。
② 《明神宗实录》卷3，隆庆六年七月丁酉、庚子。
③ 《明神宗实录》卷42，万历三年二月戊申。
④ （明）郭棐：万历《广东通志》卷8《兵防上》，岭南美术出版社2009年版，第203页。
⑤ 《明神宗实录》卷48，万历四年三月甲午。

且移之岛中，列屋筑台，增置火器，种落已至万余，积谷可支战守，而更蓄倭奴为牙爪，收亡命为腹心，该澳去濠城咫尺，依山环海，独开一面为岛门，脱有奸雄窜入其中，一呼四应，诚为可虑，该司权酌时宜，庶几未雨彻桑。①

葡萄牙人占据澳门，日益坐大，并且借助沿海倭寇及海盗的势力，为害甚巨，甚至威胁到整个广东地区中路的安全。故明廷"以香山寨改为参将，增置营舍，大建旗鼓，以折乱萌"②。是为香山参将。关于香山参将的设立时间还有另一说，《明熹宗实录》天启元年（1621）六月丙子条载："万历四十二年始设参将府于中路雍陌营，调千人守之。"③但汤开建先生通过对相关文献细致地比对、考证，认为应以万历四十六年为是。④笔者同意汤先生的看法。至天启元年，明廷设前山寨，并"改设（香山）参将于前山寨，陆兵七百名，把总二员，哨官四员，哨船大小五十号，分戍石龟潭、秋风角、茅湾口、桂角、横洲、深井、九洲洋、老万山、狐狸洲、金星门"⑤。是为前山参将。香山（前山）参将的设立主要是加强对澳门的管理和军事防御。

万历末年，香山参将设置后，专管中路海防事宜。至此，广东区域陆、海参将的设置基本趋于稳定，在增减设置和辖区上再无较大的变动。逐渐形成潮州陆路兼管海防参将、惠州陆路兼管海防参将、督理广州海防参将、香山参将、阳电海防参将、西山参将、分守广东雷廉海防参将、琼崖海防参将的防务分守格局。

---

① 《明神宗实录》卷576，万历四十六年十一月壬寅。
② 《明神宗实录》卷576，万历四十六年十一月壬寅。
③ 《明熹宗实录》卷11，天启元年六月丙子。
④ 汤开建：《明代在澳门设立的有关职官考证》，《暨南学报》（哲学社会科学版）1999年第1期。
⑤ （清）任光印、张汝霖：《澳门纪略》卷上《官守篇》，成文出版社1968年版，第132页。

第七章

明代广东海防中的兵力部署

明代的兵役制度经历了从世兵制向募兵、征兵制的转变，军队的编制亦经历了由卫所体系向营哨体系的转变。"明初以武功定天下，革元旧制，自京师达于州县，皆立卫所"①。明初，朝廷规定"军民已有定籍，敢有以民为军乱籍以扰吾民者，禁止之。"②可见明初禁止募民为兵，傅维麟《明书》中说："招募之兵，明初无有也。正统中，始募天下军余民壮为兵。"③似乎直至正统中，明初以来的卫所制度才发生动摇。明人朱国桢《涌幢小品》对此记曰："招募始于正统己巳，踵于嘉靖庚戌，征倭楚州兵、河南毛葫芦、山东抢手，皆募兵也。"④对此，清人赵裔介评论道："明朝初设卫所，有事则战，无事则耕，故养兵百万，不费民间一钱。其后法废而兵政乱，尽用招募之兵，是卫所之军在明正统后已无用矣。"⑤正统以后，尤其是嘉靖以来，卫所其军逃亡、役占、隐匿等现象十分普遍。因此，卫所军缺额十分严重，有的地方逃亡军士达到在籍军士的70%左右，而没有逃亡的军士也多为老弱疲癃，不堪作战之辈。朱元璋建立起来的强大卫所军战不能战，守不能守，世兵制的兵役制度由于它自身的矛盾，已经走向死胡同⑥，卫所制度至此已经"无用"。基于此，明廷不得不

　　① 《明史》卷81《兵以一》，中华书局1974年版，第2175页。
　　② 《明太祖实录》卷131，洪武十三年夏四月乙未。
　　③ 傅维麟：《明书》卷72《戎马志三》，《丛书集成初编》，中华书局1985年版，第1453页。
　　④ （明）朱国桢：《涌幢小品》卷12《兵制》，中华书局1959年版，第255页。
　　⑤ （清）魏裔介：《兼济堂文集》卷2《兴利除弊之大疏》，《文津阁四库全书·集部》第438册，商务印书馆2005年版，第322页。
　　⑥ 杨金森、范忠义：《中国海防史》，海洋出版社2005年版，第276页。

采用其他办法来补充兵员，于是简派民壮和募兵随之出现。明初卫所制的
编制体系是卫—千户所—百户所—总旗—小旗。募兵制出现后，营哨编制
体系大致为：营—总—哨—队—什。

在讨论明代广东海防的兵力部署时，我们有必要将其置于上述明代军
事制度演变的大背景下进行考量。

第一节　明代卫所制度与广东海防的兵力部署

朱元璋建立卫所始于元末。至正二十四年（1364）四月，朱元璋下
令实行部伍法，规定凡将领统兵五千人为指挥，满千者为千户，百人为
百户，五十人为总旗，十人为小旗[①]。立国后，洪武元年（1368），重新
更定卫所之制，"大率以五千六百人为一卫，一千一百二十人为一所，
一百一十二人为百户所。每百户所设总旗二名，小旗十名"[②]。

明初广东沿海地区的兵力状况没有明确记载，然而洪武间广东地区共
设9卫，26千户所，若依洪武初例，粗略估计，沿海正规军当在3万左右，
其中东路潮州、碣石二卫所辖八千户所，共有兵员9000人；中路南海、广
海二卫所辖五千户所共有兵员大约为5600人；西路肇庆、神电、雷州、廉
州、海南五卫辖10千户所，共有兵员大约为11000人左右。从兵力的地域
部署来看，呈现东、西二路为重，中路为轻的特点，这一现象恰恰反映了
前文所论，明初广东海防重心的空间特点。

另外，朱元璋另一项加强海防建设的措施是设立沿海巡检司，洪武
二十三年（1390）："诏滨海卫所每百户置船二艘巡逻海上盗贼，巡检司亦
如之。"[③]巡检司的士兵称为"弓兵"，主要由金派的民壮担任，故不是正规

① 《明太祖实录》卷14，甲辰年四月壬戌。
② 《明史纪事本末》卷14《开国规模》，中华书局1977年版，第196页。
③ 《明太祖实录》卷201，洪武二十三年夏四月甲子。

军，但皆驻守在沿海要地，发挥着重要的防守功能。据《筹海图编》记载，广东沿海地区有巡检司75所，每所巡检司弓兵数从20至60名不等。其中：

> 东路：惠州府有沿海巡检司4所，弓兵200名；潮州府共有沿海巡检司9所，弓兵450名，共计650名。
>
> 中路：广州府有沿海巡检司28所，弓兵1400名；
>
> 西路：肇庆府有沿海巡检司3所，弓兵160名；高州府沿海巡检司3所，弓兵85名；雷州府沿海巡检司6所，弓兵185名；琼州府沿海巡检司12所，弓兵680名；廉州府巡检司9所，弓兵180名。共计1290名。[①]

从巡检司的弓兵部署来看，明显中路多于东路和西路，这主要是由于明代设立巡检司的主要目的是"专一盘诘往来奸细及贩卖私盐犯人，逃军、逃囚、无引、面生可疑之人"[②]。洪武间在沿海大量设置巡检司，主要是为了配合卫所作战，二者相互补充加强沿海防御。而广东海防中路正规军的部署明显弱于东、西二路，因此相应加强巡检司的弓兵配备以增强对中路的局部防御。

明初，广东地区卫所兵额尚能遵循洪武规制，卫所兵员数额较为充足。在明初的海防中起到了有效的作用。逮及明代中后期，尤其是嘉靖以后，卫所军缺额严重，置于"无用"的地步，顾炎武在述及神电卫兵员情况时说：

> 国初，开郡、设卫、立县、置所，合陆海而犬牙相制，有深意。承平日久，军卫废弛，至于今而蔽坏极矣！查神电一卫，原额旗军四千八百余名，仅存六百六十有五。高州阳江等所，每所一千一百或二百名，仅存一百五十或二百余，最多者亦不过

---

① （明）郑若曾：《筹海图编》卷3《广东兵制》，中华书局2007年版，第235—238页。

② 万历《明会典》卷138《关津二》，中华书局1989年版，第703页。

三百，莫可究诘矣。[①]

又如宁川千户所："今所见在旗军屯驻郭内者仅二百八十余名"[②]，顾氏所论，名为神电一卫，但可窥一斑而知全豹，明代中后期广东卫所兵力状况势必不容乐观。明人茅元仪《武备志》卷二一三《广东兵险考》及《筹海图编》卷三对明代后期广东沿海各卫所兵力状况有详细记载，兹分路胪列如次：

东路：潮州卫旗军1280名，其中靖海所旗军282名，蓬州所旗军388名，海门所旗军225名，大城所旗军383名；碣石卫旗军1284名，其中平海所旗军447名，海丰所旗军402名，捷胜所旗军582名，甲子门所旗军287名。东路卫所旗军共计2996名。

中路：南海卫旗军1114名，其中东莞所旗军328名，新兴所旗军252名，大鹏所旗军223名；广海卫旗军1165名，其中海朗所旗军390名，新会所旗军664名，香山所旗军428名。中路卫所旗军共计2279名。

西路：肇庆卫旗军1112名，其中沿海阳江、新宁两千户所各有旗军251名、252名；神电卫旗军1580名，其中宁川所旗军457名，双鱼所旗军177名，阳春所旗军210名；雷州卫旗军1380名，其中乐民所旗军345名，海康所旗军323名，海安所旗军181名，锦囊所旗军235名，石城后所旗军234名；廉州卫旗军952名，其中钦州所旗军217名，灵山所旗军254名，永安所旗军390名；海南卫旗军1384名，其中清澜所旗军587名，万州所旗军469名，南山所旗军215名。西路卫所旗军共计5699名。[③]

---

① （明）顾炎武：《天下郡国利病书·广东中》第十八册，上海书店1085年版，第17页。
② 同上书，第15页。
③ （明）茅元仪：《武备志》卷213《广东兵险考》，海南出版社2001年版，第146—147页；《筹海图编》卷3《广东兵制》，中华书局2007年版，第233—235页。

以上所述明代中后期卫所旗军军额状况，相较于明初，其数量明显大大减少，比较显示如下表：

表7—1　　　　　　　　　明代广东沿海卫所军额对比

时期	海防分路	旗军军额（名）	总计旗军军额（名）
明初	东路	9000	约30000
	中路	5600	
	西路	11000	
明中后期	东路	2996	约11000
	中路	2279	
	西路	5699	

从上表可以看出，相较于明初，明代中后期海防东路卫所旗军减少了近2/3，中路和西路分别减少近一半，沿海卫所旗军总数亦减少了近2/3。虽然卫所旗军数额总体在减少，但其在各路部署的情况并未变化，仍然呈现东、西两路为重，中路为轻的格局。

卫所军除了数量在不断减少之外，其战斗力亦不断下降，质量颇为不堪。对此，胡宗宪在称：

　　领兵诸臣，才非统驭，识昧韬钤。平居则法纪尽废，临敌则号令不行。十羊九牧，力既分于将多，此时彼非，心又乏乎共济。或见饵而贪功，则竞进而不让。或遇伏而战败，则观望而不救。分合无方，进退无纪。名为用兵，实同儿戏。一致屡蹈覆辙，大损军威。夷心益生，而民患日甚也。[1]

在此种情形下，招募之制随之出现，天启《海盐县图经》说："卫所

————————

① （明）胡宗宪：《为海贼突入腹里题参各官疏》，《明经世文编》卷266《胡少保奏疏》，中华书局1962年版，第2813页。

军不堪用，则募民为兵用之，兵制因大变。"①军队的编制体系亦由卫所制变为营哨制。

第二节　明代中后期营哨制度与广东海防的兵力部署

在营哨制度下军队的基本编制是营—总—哨—队—什。对于这一制度，赵炳然在《海防兵粮疏》中说：

> 浙江之兵，原募土人，并非卫所尺籍，所用头目或名把总，或名千总，或名哨官、队长。所部各兵或六七百名，或四五百名，或一二三百名。把总不必同于千总，千总不必多于哨官，权齐心异，似无体统。臣督同三司各道及总参等官，会议兵额。除水兵因船之大小，布港之冲僻，祗应出哨按伏打截，不在营伍之例外。其于陆兵，仿古什伍之制，五人为伍，二伍为什，外立什长一名。三什为队，外立队长一名。三队为哨，外立哨官一员。五哨为总，外立把总一员。五总为营，俱属主将一员，与高标旗纛，哨探健步，书医家丁等役，俱统领之。居一营而各营无不同也，举一总一哨一队，而各总哨队无弗同也。②

戚继光《纪效新书》中又将军队编制定为营—总—哨—队，以队为最低长官直接领兵③。《御倭军事条款》中对军队编制的划定则更为详细，有

---

① 天启《海盐县图经》卷7《兵卫》，成文出版社1983年版，第632页。
② （明）赵炳然：《海防兵粮疏》，《明经世文编》卷252《赵恭襄文集》，中华书局1962年版，第2653—2654页。
③ （明）戚继光：《纪效新书》卷1《束伍篇》，《丛书集成初编》，中华书局1991年版，第77—84页。

军—哨—队—甲—伍五个层级①。以上三种划分方法虽名称不同，但编制基本相同。《御倭军事条款》对于军、哨、队，甲伍不同层级编制的兵员数额、长官名称等有较为详细的记载：

> 每五人为伍，伍有伍长；每二十五人为甲，甲有甲长；每一百二十五人为队，队有队长；每六百二十五人为哨，哨有哨总；每三千一百二十五人为军，军有军帅，即参将、游击、留守、守备、把总等官是也。大率每军五哨，每哨五队，五五二十五队。每队五甲，五五一百二十五甲，每甲五伍，五五六百二十五伍。每伍五人，五五三千一百二十五人合而成军。②

按照以上引文反映，明代海防军队的营哨编制体系中，参将、游击等指挥官可统驭大约3100人左右的兵力。嘉靖万历之际，广东海防广设分守参将，万历以后，广东地区海陆参将的设置基本稳定，在海防中形成潮州陆路兼管海防参将、惠州陆路兼管海防参将、督理广州海防参将、香山参将、阳电海防参将、西山参将、分守广东雷廉海防参将、琼崖海防参将的分守格局。若是依照参将辖3100人的兵力来计算，以上八参将管辖的兵力约为25000人左右，但是在实际的操作过程中，由于现实情况较为复杂，各参将的兵员配备并不能严格按照军事条款的规定执行。据万历《广东通志》记载：

> 潮州陆路兼管海防参将下设八营，官兵3059名；分守惠州陆路兼管海防参将下设七营，官兵2435名；督理广州海防参将（南头参将）下设五营，官兵2863名；香山参将下设四营，官兵2500

---

① （明）李遂：《御倭军事条款》，《御倭史料汇编》第一册，全国图书馆文献缩微复制中心2004年印，第16—19页。

② 同上书，第16—20页。

名；阳电海防参将部下五营，官兵2692名；西山参将部下四营，官兵2010名；雷廉海防参将部下一寨两营，官兵2027名；琼崖参将部下一寨六营，官兵4953名。①

　　除此之外，明代中后期广东海防中还设有涠洲游击一员，下辖官兵1417名。如此一来，广东沿海各参将及游击所辖兵力共约24000名。

　　参将、游击主要驻扎在沿海岸地区，而海上防御主要赖于各水寨游兵的巡哨还击，是为第一道防线，"此所谓海防必防之于海"②。因此在嘉靖四十五年（1566）广东沿海设立了柘林（潮州饶平县）、碣石（惠州碣石）、南头（广州南头）、白沙（琼州白沙港）、乌兔（雷州海康）、白鸽门（雷州遂溪、吴川之间）六水寨。关于六水寨所辖游兵数额吴桂芳在《请设沿海水寨疏》中将各水寨应设兵员数额报上核准，但是圣裁准予设立水寨时并未指示应设多少兵额，然而《苍梧总督军门志》所记各水寨兵额同吴桂芳上报数额略有出入，故笔者推测《苍梧总督军门志》所列兵额应为水寨设立时最后厘定的真正数额。现将两种兵员数额列表显示如下表：

表7—2　　　　　　　明代广东水寨军额对照

水寨名	《请设沿海水寨疏》③ 所报兵额	《苍梧总督军门志》④ 所列实际兵额
南头寨	领兵三千	缺（暂定为三千员名）
柘林寨	领兵一千二百	一千七百一十四员名
碣石寨	领兵一千二百	一千一百五十四员名

---

　　① 万历《广东通志》卷8《藩省志八·兵防总上》，岭南美术出版社2009年版，第203—204页。
　　② （明）茅元仪：《武备志》卷209《海防一》，海南出版社2001年版，第96页。
　　③ （明）吴桂芳：《请设沿海水寨疏》，《明经世文编》卷324《吴司马奏议》，中华书局1962年版，第3672—3673页。
　　④ （明）应槚、刘尧诲等：《苍梧总督军门志》卷6《兵防一》，学生书局1970年版，第390—391页。

续表

白鸽门寨	领兵一千二百	一千五百二十六员名
白沙寨	领兵一千八百	一千五百二十四员名
乌兔寨（北津寨）	领兵一千二百	二千二百七十七员名
总计	领兵九千六百	一万一千一百九十五员名

从两种材料所载兵员数额对比来看，《苍梧总督军门志》所列明显多于《请设沿海水寨疏》的上报数额，这说明在设立水寨之时，可能所需游兵的实际数量超出了吴桂芳的预测。从沿海水寨及兵力的空间部署来看，海防东路有柘林、碣石二寨，统辖兵员2868名；中路南头寨辖有兵员3000名；西路白鸽门、白沙、乌兔（北津）三寨统辖5324名兵员。三路水寨共统辖游兵约为11195名。显然东路和中路兵力相差不大，而西路则远远超出东、中二路，这从一定程度上凸显出了西路海防的重要程度。

除沿海镇守营兵及海上水寨游兵等正规军之外，在沿海各府县的关隘要津之处还设立营堡、巡检司等机构，选派民壮、打手驻扎，盘诘往来行人，遇警调集征战，作为正规军队的必要补充。关于民壮、打手的选派顾炎武在《天下郡国利病书》中讲道：

洪武初，立民兵万户府，简民间武勇之人，编成队伍以时操练，有事用于征战，事平复还为民，有功者一体升赏。正统十四年，令各处招募民壮，就令本地官司率领操练，遇警调用，事完仍复为民。天顺元年，令招募民壮，鞍马器械悉从官给，户有粮与免五石，仍免户下二丁，以资供给，如有事故不许勾丁。弘治二年，令选取民壮须年二十以上，五十以下精壮之人，州县七八百里者每里二名，五百里者每里三名，三百里者每里四名，一百里以上者每里五名。春夏秋每月操二次，至冬操三歇五，遇警调集，官给行粮，其余照天顺元年例。

打手自成化初，巡抚佥都御使韩雍短雇敢勇以征寇盗，事平罢之，不为定例。正德中，苍梧军门本有镇夷营中军士守梧州城，忽听生事之人建议，籍广东卫所余丁老幼，每户取一人，号为精兵以代之。嘉靖初，右都御使张嵿会同三司议定，输班精兵月粮另雇精壮打手以备战守。其后，每遇征战，改行广州等府别行雇募，编立千长、甲总以统领之，而守城仍用镇夷营中军士，遂为常规。……其后令府县雇募打手各自支给工食。[①]

以上引文对明代民壮、打手的雇募、分派、编制、任务等进行了详细而又明确的规定，而打手、民壮及巡检司弓兵驻扎营堡，在明代海防中亦发挥着重要作用，是海防体系中岸防部分的重要屏障。郑若曾《筹海图编》引吴应龙语曰："今之论兵者有五：曰足军额，曰选弓兵、民壮、曰练乡兵、曰募义勇，曰调客兵。"[②]足见弓兵、民壮在军事防御中的地位。

揆诸相关史料，沿海各府县营堡驻扎的兵员类型较为复杂，除弓兵、民壮、打手之外还选派若干卫所旗军和营兵驻扎。《苍梧总督军门志》对广东地区沿海各府县营堡之名称、驻地及所辖旗军、营兵、哨船、民壮、打手、乡夫的数量有明确记载[③]。因旗军与营兵及弓兵数额前文已有考察，兹只就各府沿海诸县民壮、乡夫及打手数额胪列如下（巡检司弓兵前已论及，兹不复赘）：

广州府：沿海各县共1008名。

番禺县：白坟营民壮11名，神头营民壮90名，城东营民壮25名，波罗、石岗、猎德三埠民壮20名。

南海县：城西营民壮23名，城北营民壮22名，城南营民壮13

---

① （明）顾炎武：《天下郡国利病书·广东上》第17册，上海书店1985年版，第7—9页。
② （明）郑若曾：《筹海图编》卷11上《实军伍》，中华书局2007年版，第688页。
③ 《苍梧总督军门志》对琼、廉、雷三府所属各营堡之民壮、打手及数字记载阙如，今检万历《广东通志》卷9《兵防总下》记有各府民壮、打手总数，因琼、廉、雷三府地皆濒海，故述及该三府民壮、打手数额时，径取万历《广东通志》之记载。

名，茅滘埠民壮20名，戙洲冈埠民壮27名，石门埠，民壮13名。

东莞县：企石营民壮20名。

香山县：南禅佛营民壮40名，县港口民壮10名，象角头民壮10名，浮虚营打手70名，大浦洋营打手20名。

顺德县：黄涌头营管之仰船冈营、三沥沙哨民壮35名。

新宁县：甘村营民壮70名，那银堡民壮50名。

新会县：利迳营民壮16名，汾水江营民壮14名。蚬冈营民壮30名，良村营民壮50名，鬼子窟营民壮20名，五坑迳营民20名，长沙塘营民壮40名，游鱼山营民壮20名，金议营民壮20名，塞蚝迳营民壮17名，水流迳营民壮20名，火炉岭营民壮32名，临江堡民壮120名。

惠州府：沿海各县共344名。

归善县：蚬谷营民壮60名。

海丰县：油坑营民壮10名，谢道山营民壮4名，湖东军营、南沙军营民壮10名，南灶军营、长沙军营打手250名，石山营、大德军营民壮10名。

潮州府：沿海各县共40名。

饶平县：竹林堡民壮40名。

肇庆府：沿海各县共575名。

恩平县：塘宅堡打手32名，马冈营打手30名，红嘴山营打手50名，猎迳营打手30名，楼迳营打手30名，祠堂营民壮30名，火夹脑营打手30名，长沙营民壮25名。

阳江县：永安营民壮50名，乡夫28名，马㹨迳营乡夫110名，麻緾营民壮15名，戙船湾民壮15名。

阳春县：牛厄曲营乡夫100名。

高州府：沿海各县共243名

府城：民壮57名。

电白县：民壮39名。

信宜县：民壮40名。

石城县：民壮84名。

吴川县：民壮23名。

雷州府：民壮754名。

廉州府：民壮1050名。

琼州府：民壮1683名，打手301名，共1984名。

以上为明代中后期广东滨海各府诸县营堡所辖民壮、乡夫、打手的数额情况。从兵员数额来看，营堡所辖兵力实不可小觑，应当在海防中发挥着不可替代的作用。

以下笔者将明代中后期海防中各类兵力状况列表显示，进一步观察沿海各路总体的兵力部署情况。

表7—3　　　　　明中后期广东海防各路兵力类型、数额统计　　　（单位/员）

海防分路	卫所旗军	镇守营兵	水寨游兵	巡检司弓兵	营堡民壮、打手、乡夫	总计
东路	2996	5494	2868	650	1008	13016
中路	2279	5363	3000	1400	384	12426
西路	5699	11682	5324	1290	4604	28599
总计	10974	22539	11192	3340	5996	54041

表7—3反映出，明代中后期广东海防中的总兵力大约为54000人左右，包括了卫所旗军、镇守营兵、水寨游兵、巡检司弓兵、营堡民壮、打手、乡夫等几种编制类型。其中以镇守营兵及水寨游兵占据主力，卫所旗军的数量相较于明初明显减少。巡检司弓兵同营堡民壮、打手、乡夫作为正规军队的必要补充，在遇警紧急的情况下，可临时调集出征。

从广东海防兵力的空间部署来看，东路的总兵力在13000人左右，中路约12400人，西路则达28600人，超出东、中二路的兵力总和，这似乎同西路海岸线绵长曲折，沿海府县分布密集，海防形势较为复杂等情况密迩相关。就三路兵力部署情况看，仍然呈现出东、西二路为重，中路轻之的特点，这种兵力的空间部署特征同明代广东海防重心的时空演变相始终。换言之，它是由广东海防重心的空间特征所决定的，反过来又从一个侧面证实了海防重心的空间演变特点。

第八章

明代广东巡洋区划与连界会哨

明初"沿海之地，自广东乐会接安南界，五千里抵闽，又三千里抵浙，又两千里抵南直隶，又八千里抵山东，又两千里踰宝坻、卢龙抵辽东，又三千里抵鸭绿江。岛寇倭夷，在出没，故海防亦重"①。在这种情形下，朱元璋开始着手海防体系建设，"在沿海地区建立了水陆并防，具有一定层次和纵深的海防防御体系"②。其中最重要的一项便是加强海上防御力量。时人称："倭自海上来，则海上御之耳，请量地远近置卫所，路聚步兵，水具战舰，则倭不得入，入亦不得傅岸。"③可见明代初期更加重视剿敌于海上的防御措施，而这其中最关紧要的便是巡海制度的建立。明代洪武、永乐间虽经常派遣舟师出海巡倭，但这一时期的巡洋会哨制度并不完善，而且沿海地区没有明确的巡海区划。至正统年间始，沿海地区出现了明确的巡哨区划，逮至嘉靖中后期，沿海各巡哨区开始建立连界会哨制度。至此，明代的巡洋会哨制度发展成熟。

第一节　明代初期的巡海制度

一　明代初期巡海情况

　　明代建国伊始便受到倭寇的骚扰。据《明史·张赫传》载："洪武元年（1368），擢福州卫都指挥副使，进本卫同知，复命署都指挥司事。

---

①　《明史》卷91《兵三》，中华书局1974年版，第2243页。
②　范忠义、杨金森：《中国海防史》，海洋出版社2005年版，第101页。
③　《明史》卷126《汤和传》，中华书局1974年版，第1223页。

是时，倭寇出没海岛中，乘间傅岸剽掠，沿海民患苦之。"①洪武二年
（1369）东南沿沿海各省基本遍历倭患。该年正月，倭寇"寇山东滨海郡
县，掠民男女而去"②；夏四月"倭寇出没海岛中，数侵掠苏州、崇明，
杀伤居民，夺财货，沿海之地皆患之"③。同时，浙江温州、永嘉、玉环
等地，广东潮惠诸州亦被倭患④。之后整个洪武时期东南沿海时或受到倭
寇入侵。总体来看，这一时期的倭患主要集中在洪武七年（1374）以前和
洪武二十二年（1389）以后两个时段。面对海氛日涨的情形，明廷于东南
沿海各省广置卫所，修造战舰，添置水寨，并于沿海紧要之处配套以墩台
烽堠、巡检司等加强纵深防御。此外，开始着手组建巡洋舟师。洪武三年
（1370）"诏置水军二十四卫，每卫船五十艘，军士三百五十人缮理，遇
调则益兵操之，出海巡捕"⑤。洪武五年（1372）命"浙江、福建濒海九
卫造海舟六百六十艘以御倭寇"⑥。同年，"诏浙江、福建濒海诸卫改造多
橹快船以备倭寇"⑦。在建造战舰的同时，沿海卫所官兵出海巡捕倭寇，洪
武二年（1369）由于浙直沿海屡受倭寇侵扰，故太仓卫指挥佥事翁德"率
官军出海捕之，遂败其众，获倭寇九十二人，得其兵器、海艘"⑧。前揭洪
武二年（1369）"遇调则益兵操之，出海巡捕"，这一时期出海捕倭可以
视为明代实施海上防御，御敌于海洋的实战案例，但这此时的出海巡剿并
非制度性安排，只是形势发展的临时差遣。直至洪武六年，德庆侯廖永忠
上言曰：

　　臣闻御寇莫先于振威武，威武莫先于利器，用今陛下神圣文

---

① 《明史》卷130《张赫传》，中华书局1974年版，第3832页。
② 《明太祖实录》卷38，洪武二年正月。
③ 《明太祖实录》卷41，洪武二年夏四月戊子。
④ （明）郑若曾：《筹海图编》卷5《浙江倭变记》，中华书局2007年版，第320页。
⑤ 《明太祖实录》卷54，洪武三年七月壬辰。
⑥ 《明太祖实录》卷75，洪武五年秋七月甲申。
⑦ 《明太祖实录》卷76，洪武五年九月癸亥。
⑧ 《明太祖实录》卷41，洪武二年夏四月戊子。

武，定四海之乱，君主万国，民庶安乐，臻于太平，而北虏遗孽
远遁万里之外，独东南倭夷负其鸟兽之性，时出剽窃以扰濒海之
民。陛下命造海舟翦捕此寇以奠生民，德至盛也。然臣窃观倭夷
鼠伏海岛，因风之便以肆侵掠，其来如奔狼，其去若惊鸟，来或
莫知，去不易捕。臣请令广洋、江阴、横海水军四卫添造多橹快
船，命将领之。无事则沿海巡徼以备不虞，若倭夷之来则大船薄
之，快船逐之，彼欲战不能敌，欲退不可走，庶乎可以剿捕也。①

　　由上文可见，廖永忠对倭寇的行动特点可谓有着深刻的认识。针对于
此，他建议朝廷在沿海地区派舟师进行日常的巡海和剿捕。这次建言可视
为明代海防中巡海制度的真正开始。同年三月"诏以广洋卫指挥使于显为
总兵官，横海卫指挥使朱寿为副总兵出海巡倭"②。洪武七年（1374），
"诏以靖海侯吴祯为总兵官，都督金事于显为副总兵官，领江阴、广洋、
横海水军四卫舟师出海巡捕海寇。在京各卫及太仓、杭州、温、台、明、
福、漳、泉、潮州沿海诸卫官军悉听节制"③，自是"每春以舟师出海，分
路防倭，迄秋乃还"④。至此，明代的巡海制度初步形成。除浙直沿海外，
辽东、山东、福建沿海地区的巡海情况亦十分普遍，如"山东都指挥使司
言，每岁春发舟师出海巡倭，今宜及时发遣"⑤。洪武三年（1370），福
建都司都指挥张赫"率舟师巡海上，遇倭寇追及于琉球大洋中，杀戮甚
众，获其弓刀以还"⑥。此外，洪武二十三年（1390），"诏滨海卫所每
百户置船二艘巡逻海上盗贼，巡检司亦如之"⑦。作为明代基层社会防御力
量的巡检司也加入出海巡哨的行列。

---

① 《明太祖实录》卷78，洪武六年春正月庚戌。
② 《明太祖实录》卷80，洪武六年三月甲子。
③ 《明太祖实录》卷87，洪武七年春正月甲戌。
④ 《明史》卷91《兵志三》，中华书局1974年版，第2243页。
⑤ 《明太祖实录》卷140，洪武十四年十一月辛丑。
⑥ 《明太祖实录》卷203，洪武二十三年秋八月甲子。
⑦ 《明太祖实录》卷201，洪武二十三年夏四月丁酉。

至永乐时期，沿承洪武旧制，多次派遣将领率水军出海巡捕。此外，洪武、永乐时期沿海水军亦常在都司、卫所军官的统领下分班更番巡视驻地附近洋面。如《筹海图编》载："国初，沿海每卫各造大青及风尖、八桨船一百只出海，指挥统领官军更番出洋哨守，海门诸岛皆有烽墩可为停泊。"①崇祯《廉州府志》载：洪武间，廉州永安、钦州二所"每所各官一员督官军船三艘，旗军船三艘，旗军三百名，各分上下班出海巡哨，以防倭寇"②。

总体来看，洪武、永乐时期，各省巡海的任务主要由在京各卫水军及沿海各省卫所的水军承担，辅之以各府县巡检司弓兵。就巡海范围来看，这一时期各出海舟师巡海范围较为广阔，或跨两省或跨数省，如前引吴祯、于显出海巡捕海寇节制太仓、杭州、温、台、明、福、漳、泉、潮州等数省水军。洪武二十六年（1393），"福建镇海卫千户黎旻等伏诛，时旻帅舟师四百巡海至潮州南澳，猝与贼遇，未及战，旻与百户毛荣引众遁。百户韩观帅部下四十余人力战皆死。事闻，上命录观等功，旻等以军法伏诛"③。显然，其时黎旻巡海跨兼闽粤两省。从巡海时间来看，亦有所规定"每春以舟师出海，分路防倭，迄秋乃还"。沿海各省卫所出巡时间多是如此，但中央派遣将领充总兵官出海巡捕时，其时间多不固定，如永乐六年（1408）朱棣先后派出六支海军是十二月出海，永乐九年（1411）丰城侯李彬为总兵官出海巡倭则是在正月，十二月则命其所通捕倭军士休息④。事毕，总兵官回朝复命，所领军士回驻原卫所。可见这一时期中央选派军士出巡海属临事而发，且总兵官一职尚属差遣征伐，还未成为镇守地方的常驻官。

若是将洪武、永乐时期的巡海制度置于整个明代巡洋会哨发展演变的历程中来看，这一时期已经具备了舟师巡洋的相关规制，但仍仅停留在沿

---

① （明）郑若曾：《筹海图编》卷12《经略三·御海洋》，中华书局2007年版，第763页。
② 崇祯《廉州府志》卷6《经武志·备倭》，岭南美术出版社2009年版，第91页。
③ 《明太祖实录》卷227，洪武二十六年夏四月己卯。
④ 《明太宗实录》卷112，永乐九年春正月丙戌。

海巡捕的阶段，沿海各卫所军没有明确的汛地划分，亦不见各区舟师连界会哨的记载，较为完善的巡洋会哨制度尚未形成。

就广东地区的巡海而言，自明初便已有之。洪武时期广东巡哨由沿海各卫所负责，如洪武十六年（1383）"海南卫巡捕海上，获阇婆等国人吴源等十四人送至京师，诏释而遣之"①。洪武二十八年（1395）"命广东都指挥同知花茂讨捕海寇，时广东都指挥使司言：潮州吉头澳有贼船九艘泊岸，约五百余人，劫掠南栅等村。上以广东濒海州县常被寇害，由守御官军巡逻不严所致，于是诏都司以兵操海舟五十艘往来巡捕，令茂总之"②。至永乐初年（1402），设立广东巡海副总兵，负责本省沿海地区的巡哨事务。

第二节　明代广东的巡洋会哨制度

一　明代中期巡洋会哨制度的形成

明代洪武、永乐时期，由于沿海倭寇与海盗猖獗而进行了几次规模较大的巡海，并加强了海防建设，至洪、宣年间沿海较为安定，无大寇患，《明史·兵志》称：是后"海上无大侵犯，朝廷阅数岁令一大臣巡警而已"。③然而，耽于洪宣之际的海氛无虞，正统初海防逐渐废弛，军伍役占、隐匿等现象十分严重，而此一时期倭寇虑犯浙江、福建沿海，官军在抗倭中屡次失利。如正统七年（1442）五月倭陷浙江大嵩，六月命"户部侍郎焦宏往浙江整饬备倭"④。随后又命焦宏兼苏松、福建沿海备倭⑤。

在东海沿海，明廷从焦宏之请，自"乍浦至昌国后千户所一十九处，

---

① 《明太祖实录》卷155，洪武十六年六月辛卯。
② 《明太祖实录》卷236，洪武二十八年正月辛丑。
③ 《明史》卷91《兵志三》，中华书局1974年版，第2244页。
④ 《明英宗实录》卷93，正统七年六月壬子。
⑤ 《明英宗实录》卷94，正统七年七月丙寅；卷105，正统八年六月乙巳。

令署都指挥佥事金玉领之；自键跳至蒲门千户所一十七处，令署都指挥佥事萧华领之；其昌国卫当南北之中，令总督备倭都指挥使李信居中驻扎，往来提督"①。足见浙江将沿海卫所划分为不同区域，以都指挥佥事负责，并由总督备倭官居中调度，协调各方防御力量。福建地区则将沿海巡防分为南北两大防区，沿海各卫所分隶，协助五水寨巡哨近海，亦由总督备倭提督调遣。如正统八年（1443）六月，焦宏奏："福建备倭都指挥佥事贾忠、刘海宜令分管地方。自福宁至莆喜八卫所属忠，自崇武至玄钟十卫所属海，其总督备倭署都指挥佥事王胜则令居中，往来提督。"②由此可见，此一时期在浙闽沿海为主的东海地区不仅建立了明确的分防区划，而且层次严密，责任分工至为清晰。

此外，这期间，旨在加强区域间协调合作的连界会哨开始出现，并粗具规模。据《筹海图编》：

> 广、福、浙三省，大海相连，画地有限。若分界以守则孤围受敌，势弱而危，……入番罪犯，多系广、福、浙三省之人，通伙流劫。南风汛则勾引倭船由广东而上，达于漳泉，蔓延于兴福；北风汛则勾引倭船由浙江而下，达于福、宁，蔓延于兴、泉。四方无奈又从而接济之，向导之。若欲调兵剿捕，攻东则窜西，攻南则遁北。急则潜移外境，不能以穷追；缓则旋复合船，有难于卒殄。……福建捕之而广浙不捕，不可也；广浙捕之而福建不捕，亦不可也。必严令各官于连界处会哨。如在福建者下则哨至大城千户所，与广东之兵船会，上则哨至松门千户所，与浙江之兵船会。在浙江者，下则哨至流江等处，与烽火之兵船会。在广东者，上则哨至南澳等处，与铜山之兵船会。③

---

① 《明英宗实录》卷 101，正统八年二月丙午。
② 《明英宗实录》卷 105，正统八年六月乙巳。
③ （明）郑若曾：《筹海图编》卷 12《经略二·勤会哨》，中华书局 2007 年版，第 775—776 页。

从引文可见，由于军事防御在各省之间界限过于明确，"画地有限"，"分界以守"不能互通声气，协调配合，导致"孤危受敌"，"不能穷追""难以卒殄"。倭寇、海贼利用明军防这一制度上信息闭塞与地域上防区限制的弱点，借季风特点，窜匿攻掠于各省之间，使得各省海防力量疲于奔命，顾此失彼。鉴于此，明代中期，开始考虑实行各省之间连界会哨，以达配合之效。

除上述诸省之间，正统时期，浙闽沿海诸水寨以及水寨内部各汛地之间亦皆实行连界会哨。如浙江，由南而北：镇下门水寨南会福建烽火门、流江，北会江口港；江口水寨北会飞云水寨于瑞安、凤凰等处；飞云水寨北会黄华；黄花水寨北会白岩塘；白岩塘水寨北会松门、楚门[1]。福建由南而哨北，则铜山会之浯屿，浯屿会之日南，日南会之小埕，小埕会之烽火[2]。东南沿海诸省内部巡洋区划严密，层次分明，责任分工明确，会哨界线布置得当，各巡哨区域之间形成相互配合，互通生气，联合制敌的防御体系。以下笔者以广东为主，来具体论述明代在区域海防中的巡洋区划与连界会哨制度。

二 广东巡洋区划与连界会哨

相较于浙闽等东海地区，广东沿海巡洋会哨制度则迟至嘉靖末年才得以确立。然而，沿海信地的划分与连界会哨的形成与沿海水寨的设立密切相关。

（一）广东沿海水寨的设立与信地的划分

嘉靖末年，由于"倭夷窃发，连动闽浙，而潮惠奸民乘时蠚蠚，外勾岛孽，内结山巢，恣其凶虐，屠城铲邑。沿海郡县，殆人人机上矣。各该卫士水军，鱼鳞杂沓，曾不能一矢相加，而材官世胄皆倖头幸免，虽有郡县额籍壮丁，而反为贼用。故节该历任军门吴桂芳等议设六水寨"[3]。因

---

① （清）严如熤：《洋防辑要》卷11《浙江海防略下》；《筹海图编》卷5《浙江事宜》，中华书局2007年版，第348页。

② （明）郑若曾：《筹海图编》卷12《经略二·勤会哨》，中华书局2007年版，第777页。

③ （明）应槚、刘尧诲：《苍梧总督军门志》卷5《舆图三》，学生书局1970年版，第1页。

此，嘉靖四十五年（1566）吴桂芳上《请设沿海水寨疏》提出了六水寨设立的具体地点：

> 照的广东八府滨海，而省城适居东、西洋之中。其在东洋称最扼塞者，极东曰拓林，与福建玄钟接壤，正广东迤东门户。稍西曰碣石，额设卫治存焉。近省曰南头，即额设东莞所治，先年设置备倭都司于此。此三者广东迤东海洋之要区也。西洋之称扼塞者，极西南曰琼州，四面皆海，奸宄易于出没，府治之白沙港，后所地方，可以设寨。极西曰钦廉，接址交南，珠池在焉，惟海康所乌兔地方，最为扼塞。其中路遂溪、吴川之间曰白鸽门者，则海艘咽喉之地。此三者广东省迤西海洋之要区也，以上处皆应立水寨。[①]

明廷很快批复实施此议，六水寨之设立，在地域上皆选取沿海"扼塞"，堪当门户之要地，不仅皆为海防军事要塞，而且在沿海交通上亦是咽喉之所。现据上引文所述将六水寨列表如下：

表8—1　　　　　　　　　　广东水寨

寨名	寨址	建立时间	备注
柘林	潮州饶平县南大尖峰西（今柘林镇）	嘉靖四十五年	
碣石	惠州碣石（今陆丰县东南碣石镇）	嘉靖四十五年	
南头	广州南头（今深圳宝安区西南头）	嘉靖四十五年	
白沙	琼州白沙港	嘉靖四十五年	
乌兔	雷州海康所乌兔地方	嘉靖四十五年	万历四年裁革
白鸽门	雷州遂溪吴川之间白鸽门（今湛江市麻章区太平镇通明港）	嘉靖四十五年	

乌兔寨因地理位置所限，万历四年（1576）被裁革，同时增添北津水

---

① （明）吴桂芳：《请设沿海水寨疏》，《皇明经世文编》卷342《吴司马奏议》，中华书局1962年版，第3672页。

寨。时任两广总督凌云翼在《酌时宜定职掌以便责成以重海防疏》中说：

> 惟阳电一带为倭夷、海寇出没之冲。先年属白鸽门寨信地，缘兵寡地阔，管顾不周，今年双鱼、神电连致失陷，虽经前督臣以抚民设寨把守，乃一时权宜之计，未为万全。如将西路巡海参将改为海防，于此增设一水寨，名曰北津。……查得乌兔一寨，僻在海角，虽近珠池，自有官军防守，如听雷廉参将委协总一员，带领兵船十只，移扎海康所更番驻守，自无他虑，将乌兔寨裁革，计得官兵一千五十四员名，就移阳电参将之用。[①]

由上文可见，明廷在水寨的设置上采取以适应海防策应主，为灵活变通的制度，故而随着乌兔寨海防地位的下降，且因有协总堪可应对，故而将其裁革，以其所得官兵，移驻补充阳电参将所辖海域。此外，万历以后，随着广东海防形势的变化，又相继设立莲头、限门、海朗、双鱼四水寨。莲头水寨在电白县南，隆庆六年（1572）平倭建。限门水寨为万历二十九年（1601）因倭警，于吴川县南五里设置，之后撤北津右司，并力莲头、限门二寨[②]。又《天下郡国利病书》中收入冒起宗《阳电山海信防图说》一文中提道："阳电地方……设有海朗、双鱼、限门、莲头四水寨，扎船分守扼要哨防，此则海防之大略也。"[③]然而，海朗、双鱼二水寨设置时间不详，对此道光《广东通志》载："万历初，设立北津寨为重地，……二十八年以后，复画界为守，以海朗寨官兵分守汛海……双鱼寨官兵分守汛海。"[④]似乎海朗、双鱼二所设置在万历二十八年（1600）前后。

---

① （明）应槚、刘尧诲：《苍梧总督军门志》卷26《奏议四》，学生书局1970年版，第1233—1235页。
② 万历《高州府志》卷2《营堡》，《日本藏中国罕见地方志丛刊》，书目文献出版社1991年版，第13页。
③ （清）顾炎武：《天下郡国利病书·广东中》，上海书店1985年版，第10页。
④ （清）阮元等：道光《广东通志》卷124《海防略二》，上海古籍出版社1990年版，第2384页。

综上所述，嘉靖四十五年（1566）广东初设六水寨，后又相继裁革一水寨，增设四水寨，最多时共有水寨九处。

明代沿海各省为防倭寇，均设有水寨，为明确责任，方便巡洋会哨，各水寨都有明确的信地。《苍梧总督军门志》详细记载了初设六水寨及北津寨之防守信地，而后设四水寨信地则见于崇祯《肇庆府志》。据此，兹列表如下：

表8—2　　　　　　　　　　　广东水寨信地

水寨名	沿海信地	资料出处
柘林寨	自福建玄钟港起，至惠来神泉港止	《苍梧总督军门志》卷五《舆图三》
碣石寨	自神泉港起，至巽寮村海面止	
南头寨	自大鹏鹿角洲起，至广海三洲山至	
北津寨	自三洲山起，至吴川赤水港至	
白鸽门寨	自赤水港起，至雷州海安所至	
乌兔寨	自海安所起，至钦州龙门港止	
白沙寨	琼州府属周围地方海洋。	
莲头寨	东接双鱼，西接限门	崇祯《肇庆府志·兵防志一》
限门寨	上接莲头，下至限门港口	
海朗寨	东自广海寨界娘澳起，西至双鱼界马梼石止	
双鱼寨	东自海朗界马梼石起，西至莲头寨界北额港止	

柘林水寨原设于内港，后改于牛田洋，万历三年（1575）增设南澳副总兵，柘林寨属之。柘林兵船仍于柘林澳住泊，分哨长沙尾、马耳、河渡、海门等处。

碣石寨信地多礁石，泊船不利，改驻扎甲子港；南头寨分哨鸢公澳、东山、官富、柳渡等处。

北津寨分哨上、下川，海陵、莲头、放鸡等处。

白鸽寨分哨广州澳、硇洲等处，已裁革之原乌兔寨信地委白鸽寨代为巡哨，白鸽寨派哨官一员领兵船十只驻扎海康港防守，由于自海康至龙门港，海洋辽远疏阔，分北津寨兵船十只。设协总一员统领，驻扎龙门港，又分哨官一员领船十只泊于冠头岭、乾体港交互哨逻乌兔等处。

白沙寨分哨乌泥、博鳌、石礨、英潮、三亚等处。

（二）广东沿海水寨的连界会哨

《苍梧总督军门志·六寨会哨法》中提到：广东沿海各水寨分定正、游二兵，分番哨捕，更为出入，以均劳逸，每月把守官率领兵船会哨于界上险要，取具该地方卫所、巡司结报。以此作为会哨完成之证明。所谓连界会哨，除了各水寨之间连界之外，一水寨内部亦分若干哨区，于哨区连界处会哨。以下是个水寨连界会哨之具体内容：

柘林寨：该寨兵船住扎本寨。东与福建玄钟兵船会哨，取玄钟所结报。仍分二官哨，一住扎马耳，哨至河渡门；一住河渡门，哨至海门。西至神泉，与碣石兵船会哨，取神泉巡司结报。

碣石寨：该寨兵船住扎甲子港。东至神泉，与柘林兵船会哨，取神泉巡司结报。仍分一官哨，冬、春泊田尾洋，夏、秋泊白沙湖，哨逻长沙一带。西至大星山，与南头兵船会哨，取大鹏所结报。

南头寨：该寨兵船住扎屯门。分二官哨，一出佛堂门，东至大鹏，停泊大星，与碣石兵船会哨，取平海所结报；一出白狼、横琴、三竈，西至大金，与北津兵船会哨，取广海卫结报。

北津寨：该寨兵船住扎海陵、贼船澳。分二官哨，一至三洲、上下川，哨逻大金、铜鼓，东与南头兵船会哨，取广海卫结报；一至放鸡、连头，西与白鸽门兵船会哨，取吴川所结报。

白鸽门寨：该寨兵船住扎沙头洋。分二官哨，一至赤水，西与北津兵船会哨，取吴川所结报；一至海康，哨逻围洲一带，与新移泊守龙门、乾体港兵船会哨，去凌禄巡司结报即回，不许在彼住泊。

> 白沙寨：该寨兵船正兵二官哨，住泊白沙港。一自东而下，哨逻文昌、清澜、会同。至乐会县博鳌港与三亚兵船会哨，取乐会县结报；一自西而下，哨逻澄迈、临高、儋州，至昌化英潮港与三亚兵船会哨，去、取昌化县结报。又游兵二官哨，住泊三亚港，一自东而上，哨逻陵水、万州，至乐会县博鳌港与白沙兵船会，哨取乐会县结报；一自西而上，哨逻感恩县鱼鳞洲、昌化县英潮港，与白沙兵船会哨，取昌化县结报。①

另据《洋防辑要》，北津水寨内部划出的哨区较多，具体为：左司左哨，每月东与广海游兵会于海朗，西与左司右哨会于马猫石；左司右哨，每月东与左司左哨会于马猫石，西于右司左哨会于箸杯山；右司左哨，每月东与左司右哨会于箸杯山，西与右司右哨会于莲头角；右司右哨，每月东与右司左哨会于莲头角，西与白鸽门寨兵船会于暗镜山。②后来，海朗、莲头、双鱼、限门四水寨设立之后，由于其巡防地域与北津水寨发生重合，故北津水寨的巡哨基本为四水寨所代替。

作为明代海上的第一道防线，水寨起着首当其冲的重要作用。而在广东沿海，水寨的设立及其信地的划分与连界会哨的确立，是巡洋会哨制度成熟的重要标志。水寨与水寨之间，水寨内部各哨区之间连界会哨的加强，不仅细化了海防责任，而且加强了海上防守区域之间的协作与互动。

在海防军事理论中时常强调防御的纵深与多层次性，水寨防守体系作为海上防线，一旦被突破，则会迅速波及内地。因此加强海上与陆地之间的联络便显得尤为重要。如《苍梧总督军门志·水寨事例》中说：

> 凡营寨水陆官兵相为犄角，每遇海上贼警，各该参备即督率

---

① （明）应槚、刘尧诲：《苍梧总督军门志》卷5《舆图三》，学生书局1970年版，第380—384页。

② （清）严如熤：《洋防辑要》卷14《广东海防略上》，《中国南海诸群岛文献汇编之四》，学生书局1985年版，第1050—1051页。

该营总哨，趋赴海滨紧要之处，查照信地，与同该水寨军兵内外协应，以助声势，仍行各乡澳保甲人等及各巡司，严加隄备，俟贼登岸，即并力擒勦，如哨兵不用命，听把总径自处置。①

海上水寨军兵巡哨御敌，必须配以陆上镇守的营兵以及巡检司弓兵等，才能发挥其最大的功效。如若不然，则势必被贼劫掠。《明神宗实录》载："先是，贼曾一本犯潮州，瀚等拥官兵，行二十日始至。贼从碣石卫莺州夜遁去，复犯雷州，与瀚等遇，伪以众降，瀚等堕计，焚勦船兵殆尽，朱相自碣石来，与贼冲战，沉其船；再战，再胜之。瀚等不为应，李茂才、李节、林清先溃，瀚等望风而奔，相亦退走，贼遂横行海澳中。"②由于惠潮参将魏宗瀚等人不相策应，导致原本将要战胜敌人的碣石寨总朱相因无法得到策应而终于失败的局面。由此可以看出，海、陆武力相互策应的重要性。

不论怎样，综上所述，我们可以得出，明代嘉靖末期以来，通过建立水寨，划分详尽的巡哨信地，建立连接会哨，使得广东地区由之前简单的巡海制度迅速的转向体系完善，指挥严整的巡洋会哨制度，如此不仅使明代广东地区的海疆防御体系更加完善，更强化了海防军队在具体战略实践中的机动性，对加强海防起到的积极作用自然不言而喻。

第三节　明代巡洋会哨制度对现代海防战略的启示

中国自古是一个海洋大国，我们拥有18000千米漫长而曲折的海岸线及300多万平方千米辽阔的海洋国土。然而自古以来，我国的统治者并未

---

①　（明）应槚、刘尧诲：《苍梧总督军门志》卷5《舆图三》，学生书局1970年版，第380—384页。

②　《明神宗实录》卷48，万历四年三月丁巳。

充分认识海洋对国家的重要性，长久的闭关锁国，遑论海权观念和在官方视域下对海洋国土的开发与保护。长期以来，国人对海洋的态度更大程度上是神秘、畏惧与被动。即使郑和下西洋亦未能使中国封建统治者打开视野，放眼全球。时至今日，我国仍然未能摆脱陆强海弱的传统格局，台海危机仍然存在，南海争端尚未解决。

在新形势下，海洋成为国家的安全线，能源安全、经济安全，新技术在军事上的应用，赋予了海洋安全、海洋战略新的内容。海洋争夺的重点转向了立体海洋。现代海洋屯兵的多维化，海岸带、岛屿和海湾屯驻岸防兵，海面屯驻舰艇部队，水体下层屯驻潜艇部队，海底建立导弹基地，成为未来海军部署的基本格局。战略核力量的主要实力从陆地转移到海洋，以导弹核潜艇和反潜兵器为主力，可以在全球不同海域部署。海洋作战不再是海军单军种的海面战斗，而是涵盖海洋上空、海岛、水下、海底多维空间的战斗，兼有陆战、海战、空战的综合性特征[1]。因此被时代赋予新的内涵和外延的现代海防，其地位再一次凸显，成为影响国家安全和发展的重要战略方向。而作为统筹海防全局的海防战略则成为把握海防战略主动权的制高点。新形势下，构建海防战略是为了解决国家崛起所带来的一系列海防困境以化解海上利益拓展与传统海防能力不足之间的矛盾为逻辑起点[2]，其中海防力量的建设和战略手段的运用是构建海防战略的核心要素。

然而，在高、精、尖且立体纵深的现代海防概念下，我们似乎往往会忽视对历史海防经验的借鉴和发挥。笔者以为，虽然随着现代军事技术的迅猛发展，冷兵器时代的战争手段已然不能适应于现代海防，但历史海防的实战经验和在海防实战中总结出的海防思想对于我们当下的海防战略部署仍然有其现实意义和启示作用。从笔者对明代巡洋会哨制度的梳理和研

---

① 杨国桢：《瀛海方程—中国海洋发展理论和历史文化》，海洋出版社 2008 年版，第 5 页。

② 刘昌龙、张晓林：《新形势下我国亟待构建海防战略》，《太平洋学报》2012 年第 6 期。

究来看，以下几点对我们现今海防仍具启示意义：首先，海防建设与部署需要制度保证。明代不论初期的巡海还是后期的巡洋会哨，都制定了严密的制度规则，责任分工十分明确，各卫所和水寨巡防区划清晰，从出巡时间、路线、巡防范围到交换结报等都有明确的规定。这便保证了巡洋会哨的时效性，取得了较好的海防效果；其次，海防需要敏锐的战略眼光。郑若曾提出"哨远洋、御近海，固海岸，严城守"①的海防战略，旨在实施纵深防御、多层次防御的海防战略。明代的巡海与巡洋会哨制度正是这一战略的具体实施的典型案例。正是在这一具有前瞻性海防战略的指导下，明代初期在巡海中有效的延缓了倭寇的迅速泛滥。明中后期，倭患大炽，巡洋会哨制度的实施在防御倭寇、海贼的过程中取得了明显的效果；再次，海防部署需要根据军事形势的变化，适时地灵活调整，以达策应之效。文中所举南海海防中乌兔水寨的兴废即是显例；最后，海防政策的实施需要具有连续性。明代巡海与巡洋会哨制度在实施的初期都取得了良好的效果。然而，随着国力的衰退、军队官僚腐败的滋生，军官对兵员的盘剥、役占、隐匿，军饷供应不足等腐败现象丛生，最终导致明代海防力量趋于衰败，海上巡哨在明末渐趋消失，水寨内迁，御敌于海洋逐渐转入近岸防守。这一切都是因制度的腐败而导致政策失去其连续性的必然结果。

---

① （明）郑若曾：《筹海图编》，中华书局 2007 年版，第 155 页。

结　语

　　21世纪以来，人类进入开发立体海洋的新时代，世界海洋竞争的新格局警示我们必须关注海洋、经略海洋，当前我国维护海洋权益和利益面临着十分严峻的形势。基于此，海防事业的发展和海防的研究，成为新时期我们关注的重要课题。长期以来，对于海防历史的研究已经积累了不少的成果。但从研究视角上看，以往的相关研究成果主要集中在海防发展史、海防制度、海防与贸易的关系、海防关城与炮台等方面，研究视角比较单一。总体而言，将广东作为一个整体的研究区域，对海防形势、海防体系的演变、海防区划与海防重心的变迁、海防指挥体系等相关问题关注不够。

　　有学者指出，从建立系统、完整的中国海防研究的要求来看，最有效的方法是先从区域历史地理的研究入手，只有一个地区一个地区地先做好具体而细致的研究，才有可能再综合概括为一部有系统有理论的中国海防地理学①。在以往研究基础上，本书从历史地理的视角出发，从整个明代广东地区，对历史区域海防地理的研究做出进一步的探索。通过对明代广东海防指挥体系及相关问题的探讨，可得出以下基本结论：

　　首先全面考察了广东地区的海岸地貌特征，并对海陆分布格局下大的军事地缘形势进行探讨，对顾祖禹所称的"守则有余，攻则不足"的观点

---

　　① 鲁延召：《明清时期广东中路海防地理研究》，博士学位论文，暨南大学，2010年，第151页。

提出修正，认为这种军事地理观点是基于从外部，针对五岭以北的敌对势力而言。若盗起于内，或盗从海上来，发于山海之间，那么这种局面便全然不同了，明代猖獗于广东的倭寇、葡萄牙人、东南亚海贼以及本土的海盗所造成的境况是为明证。

其次，本书对明代实录、奏疏、文集、海防著作、地方志等资料关于倭寇、海盗入侵广东沿海的内容进行一番地毯式的搜罗，在此基础上对明代广东沿海倭寇、海盗入侵的时空分布特征进行重新探讨。认为，从时间序列看，广东沿海倭寇、海盗入侵呈现波浪式发展，在洪武、正统、嘉靖末年至隆庆和崇祯间分别出现了四个高峰，其中以嘉靖至隆庆间最为剧烈，随后在万历年间也长期居高不下。从空间言之，倭寇、海盗入侵在明代总体上呈现出东、西两路为重，而中路轻之的特点。然而，在不同的时段，却表现各异。其中，嘉靖末以前东路最为严重，西路次之，中路最轻；嘉靖至隆庆间东路最严重，中路次之，西路最轻；隆庆以后西路最为严重，中路次之，东路最轻。

最后，广东海防区划的核心问题是广东海防分路。对前人所提出的广东海防三路划分始于元末说和嘉靖末年说提出质疑。认为明代海防中分路的实施乃借鉴了北部边防中的参将分路防守制度，而万历四年以南头参将止管广州一府，将广州府的海防从原东路海防中独立出来，始形成东、中、西三路的分防格局，因此广东海防三路划分的真正实践是在万历四年，之所以如此，这与万历以后中路海防的吃紧密迩相关。

以卫所的设置来探讨明初广东海防的空间布局，在阅读相关史料时，笔者发现不同史料文献对卫所设置情况的记载，抵牾之处颇多，对此主要针对沿海卫所的设置时间、辖属和驻地等问题进行细致考证分析，得出较为可信的结果。从时间上看，广东沿海卫所大部分设置于明初洪武年间，在布局上呈现出东、西密集而中路稀疏的特点，这恰恰反映了明初海防重心的空间特征。

此外，对总督、总兵、参将为基本指挥体系的相关问题作为专题进行详细考证，对前人认识不明确甚或错误的问题进行辨证，明确了总督、总兵、参将的设置始末、驻地变迁等问题。就两广总督而言，关于其开府梧州的时间、迁移肇庆的时间、迁驻广州的时间以及是否迁移至潮州及相关原因等问题，前人中说纷纭，令人莫衷一是。笔者考证认为，两广总督成化七年始开府梧州，万历八年迁府肇庆，崇祯五年移府至广州，同时在海防形势需要之时还曾移镇潮州，但不能视为总督府的迁移。

对于镇守广东总兵的设置时间，诸史记载有洪武初年和嘉靖四十五年两种说法，笔者细致考证认为镇守广东总兵设置过程比较复杂，旋设旋废，其第一次设置在正统十三年，第二次设置在成化二年，第三次设置在嘉靖四十二年，嘉靖四十五年第五次也是最后一次设置，同时其驻地亦经历了广州——石城——程乡——潮州——广州的变化过程。

明代广东海防中分守参将的设立与演变过程极为复杂，首先，成化五年设立分守高雷廉肇参将，驻扎肇庆，主要应对粤西地区的瑶乱，至嘉靖十五年因海防形势上升，将高雷廉肇参将驻地迁至神电卫城，与神电参将同驻一地，应对海防事宜，高雷廉肇参将是在广东地区第一次设立分守参将。嘉靖十九年因广东备倭总督驻扎东莞兼管琼雷廉海洋"稍远"，故设立琼州参将以管辖这三府的海防事宜，嘉靖二十六年罢设。嘉靖二十九年设立琼崖参将，同雷廉高肇参将分辖粤西海防，其中琼崖参将管琼、雷、廉三府。嘉靖三十九年设立惠潮参将管辖粤东地区的陆防与海防事宜，驻扎潮州。嘉靖四十三年因镇守广东总兵移驻潮州，故革去惠潮参将。嘉靖四十五年，设立南头参将督理粤中、粤东海防。但南头去粤东，尤其是南澳距离较远，因此隆庆元年设立大城参将驻扎大城所，以策应南澳岛的防守，但粤东大部分地区的海防仍属南头参将管辖。隆庆六年以后，广东地区分守参将设置逐渐增多，辖区进一步缩小。隆庆六年将琼崖参将兼管之雷廉地区分出，单独设立雷廉参将，驻扎雷州府。革惠潮参将，惠州专设参将和潮州参将。将高肇韶广参将分为肇庆韶广参将和高州参将。这些进一步划分后的分守参将均兼辖陆防和海防事宜。万历以后随着粤中海防形势的上升，万历四年将中路海防独立出来，以南头参将专管，亦谓之"广州海防参将"。万历末年中路海防进一步吃紧，尤其是葡萄牙人在澳门一带海域的侵扰，故万历四十六年设立香山参将驻扎香山寨以加强对澳门的管理和军事防御。如此一来，在明末，广东海防中形成了潮州参将、惠州参将、广州参将、香山参将、阳电参将、雷廉参将、琼崖参将的分守格局。

两广总督、镇守广东总兵、分守参将的设置及其驻地与辖区的变动事非偶然，它同明代广东地区政治地理格局的演变、两广地区军事地理形势尤其是广东海防地理形势的变化相互牵动相互影响。换言之，海防中军事指挥体系的相关变动恰恰从一个侧面反映了明代海防地理格局的变化过程。

从时空交互的角度判研，虽然明初海寇时或犯顺，但尚未形成气候。明中叶以后，广东沿海祸乱越演越烈，延绵百年之久。其中隆庆元年开禁之前以日倭为主势，而倭寇入侵的主要地域集中在海防东路。开海之后，倭寇逐渐退却，中国本土海寇兴起，葡萄牙人、东南亚海寇亦蠢蠢欲动，这一时期广东地区以粤寇为主体，海氛并未偃息。海寇在数量上确数无考，但他们包括沿海城乡海民、贫民、官府胥吏、海上舟楫商旅等各社会阶层，时人谓其："不可限以乡井，不可画以日月，其贼更不计其数。"[1]往来波涛之上，窜匿陆海之间，在广东地区掀起长期的海乱局面。

---

① （明）林大春：《论海寇必诛状》，《丹井诗文集》卷8《状疏表》，香港潮州会馆编，夏历庚申年十一月。

参考文献

一　古籍文献、档案类

（唐）房玄龄：《晋书》，中华书局 1974 年版。

（唐）杜佑：《通典》，中华书局 1984 年版。

（元）刘鹗：《惟实集》，《文津阁四库全书》，商务印书馆 2005 年版。

（明）陈子龙辑：《明经世文编》，中华书局 1962 年版。

（明）章潢：《图书编》，《文津阁四库全书》，商务印书馆 2005 年版。

（明）顾炎武：《天下郡国利病书》，《四部丛刊三编》，上海书店 1985 年版。

（明）李东阳等：正德《明会典》，江苏广陵古籍刻印社影印出版 1989 年版。

（明）申时行等：万历《明会典》，中华书局 1989 年版。

（明）张瀚：《松窗梦语》，中华书局 1980 年版。

（明）顾祖禹：《读史方舆纪要》，中华书局 2005 年版。

（明）郑晓：《郑开阳杂著》，《文津阁四库全书》，商务印书馆 2005 年版。

（明）王圻：《续文献通考》，商务印书馆 1936 年版。

（明）沈德符：《万历野获编》，台北伟文图书出版有限公司 1976 年版。

（明）韩雍：《襄毅文集》，《文津阁四库全书》，商务印书馆 2005 年版。

（明）沈德符：《西园闻见录》，全国图书馆文献缩微复制中心，1996 年。

（明）郭子章：《潮中杂记》，潮州地方志办公室，2003 年。

（明）王世贞：《弇山堂别集》，中华书局 1985 年版。

（明）王士骐：《皇明御倭录》，《御倭史料汇编》，全国图书馆文献缩微复制中心 2004 年印。

（明）曹学佺：《石仓全集》，台北汉学研究中心据日本内阁文库藏明刊本影印，1990 年。

（明）陈吾德：《谢山存稿》，《四库全书存目丛书》，齐鲁书社 1996 年版。

（明）郭尚宾：《郭给谏疏稿》，中华书局 1985 年版。

（明）孙蕡：《西庵集》，《文津阁四库全书》，商务印书馆 2005 年版。

（明）屈大均：《广东新语》，中华书局 1985 年版。

（明）佚名：《皇明本纪》，北京大学出版社 1993 年版。

（明）魏焕：《皇明九边考》，《四库全书存目丛书》，齐鲁书社 1996 年版。

（明）朱国祯：《涌幢小品》，中华书局 1959 年版。

（明）雷礼：《国朝列卿记》，《四库全书存目丛书》，齐鲁书社 1996 年版。

（明）雷礼：《皇明大政记》，《四库全书存目丛书》，齐鲁书社 1996 年版。

（明）孔贞运：《皇明诏令》，《续修四库全书》，上海古籍出版社 2002 年版。

（明）郭应聘：《郭襄靖公遗集》，《续修四库全书》，上海古籍出版社 2002 年版。

（明）谭纶：《谭襄敏奏议》，《文津阁四库全书》，商务印书馆 2005 年版。

（明）高汝栻：《皇明法传录嘉隆纪》，《禁毁四部丛刊补编》，北京出版社 2005 年版。

（明）陈灿：《虔台续志》，《丛书集成初编》，上海书店 1994 年版。

（明）张翀：《鹤楼集》，台北"国家"图书馆汉学研究中心藏明隆庆四年刊本，日本内阁文库摄制。

（明）吴文华：《济美堂集》，《四库全书存目丛书》，齐鲁书社 2001 年版。

（明）郭子章：《玘衣生粤草》，《四库全书存目丛书》，齐鲁书社 2001 年版。

（明）林大春：《丹井诗文集》，香港潮州会馆编，夏历庚申年十一月。

（明）温纯：《温恭毅集》，《文津阁四库全书》，商务印书馆 2005 年版。

（明）顾炎武撰、黄汝成集释、怀并勘误：《日知录集释》，上海古籍出版社 2006 年版。

（明）黄宗羲：《明文海》，《文津阁四库全书》，商务印书馆 2005 年版。

（明）俞大猷：《正气堂集》，《四库未收书辑刊》，北京出版社 2000 年版。

（明）俞大猷：《洗海近事》，《四库全书存目丛书》，齐鲁书社 1996 年版。

（明）卜大同：《备倭图记》，中华书局 1991 年版。

（明）何乔远：《名山藏》，成文出版社 1962 年版。

（明）采九德：《倭变事略》，中华书局 1985 年版。

（明）茅瑞征：《皇明象胥录》，北京出版社 1998 年版。

（明）谢肇淛：《五杂俎》，全国图书馆文献缩微复制中心 2006 年印。

（明）陆容：《菽园杂记》，中华书局 1980 年版。

（明）余继登：《典故纪闻》，中华书局 1980 年版。

（明）叶盛：《水东日记》，全国图书馆文献缩微复制中心 1994 年印。

（明）郑晓：《今言》，全国图书馆文献缩微复制中心 1996 年印。

《明实录》，台湾"中央研究院"历史语言研究所校印本，1962 年。

（清）张廷玉等：《明史》，中华书局 1974 年版。

（清）王锡祺：《小方壶斋舆地丛钞》，上海著易堂石印本，光绪十七年。

（清）吴廷燮：《明督抚总督年表》，中华书局 1982 年版。

（清）谷应泰：《明史纪事本末》，中华书局 1977 年版。

（清）夏燮：《明通鉴》，中华书局 2009 年版。

（清）清高宗敕选：《名臣奏议》，中华书局 1985 年版。

（清）李清馥：《闽中理学渊源考》，《文津阁四库全书》，商务印书馆 2005 年版。

（清）任光印、张汝霖：《澳门纪略》，成文出版社 1968 年版。

（清）杜臻：《闽粤巡视纪略》，《文津阁四库全书》，商务印书馆 2005 年版。

（清）韩奕辑：《海防辑要》，中华书局 1991 年版。

（清）刘锦藻：《清朝续文献通考》，商务印书馆 1936 年版。

（清）卢坤：《广东海防汇览》，河北人民出版社 2009 年版。

二 方志舆图类

（元）陈大震：《元大德南海县志残本》，广州市地方志研究所，1986 年。

（元）朱思本撰，（明）罗洪先、胡松增补：《广舆图》，《续修四库全书》，上海古籍出版社 2002 年版。

（明）郑若曾：《筹海图编》，中华书局 2007 年版。

（明）李贤等：《大明一统志》，三秦出版社 1990 年版。

（明）张二果撰：崇祯《东莞县志》，岭南美术出版社 2009 年版。

（明）应槚、刘尧诲撰：《苍梧总督军门志》，学生书局 1970 年版。

（明）郭棐撰：万历《广东通志》，岭南美术出版社 2007 年版。

（明）郭棐：《粤大记》，《日本藏中国罕见地方志丛刊》，书目文献出版社
1900 年版。

（明）郭春震纂修：嘉靖《香山县志》，《日本藏中国罕见地方志丛刊》，书
目文献出版社 1990 年版。

（明）戴璟：嘉靖《广东通志初稿》，《北京图书馆古籍珍本丛刊》，书目文
献出版社 1997 年版。

（明）黄佐：嘉靖《广东通志》，岭南美术出版社 2007 年版。

（明）欧阳保纂修：万历《雷州府志》，《日本藏中国罕见地方志丛刊》，书
目文献出版社 1990 年版。

（明）张国经纂修：崇祯《廉州府志》，岭南美术出版社 2009 年版。

（明）唐胄：正德《琼台志》，岭南美术出版社 2009 年版。

（明）陆鏊等：崇祯《肇庆府志》，《日本藏罕见中国地方志丛刊续编》，北
京图书馆出版社 2003 年版。

（明）郑一麟：万历《肇庆府志》，岭南美术出版社 2009 年版。

（清）阮元：道光《广东通志》，上海古籍出版社 1990 年版。

（明）林国相等修：万历《惠州府志》，《上海图书馆藏稀见方志丛刊》，国
家图书馆出版社 2011 年版。

（明）刘廷元等：万历《南海县志》，岭南美术出版社 2009 年版。

（清）王永瑞：康熙《新修广州府志》，《北京图书馆古籍珍本丛刊》，书目
文献出版社 1998 年版。

（明）朱光熙等：崇祯《南海县志》，岭南美术出版社 2009 年版。

（明）孙世芳：嘉靖《宣府镇志》，成文出版社 1970 年版。

（明）黄鉴修，林大春纂：隆庆《潮阳县志》，岭南美术出版社 2009 年版。

（明）陈灿：嘉靖《虔台续志》，《丛书集成初编》，上海书店 1994 年版。

（明）戴熺、欧阳璨修，蔡光前纂：万历《琼州府志》，岭南美术出版社
2009 年版。

（明）陈天资：《东里志》，汕头市地方志编纂委员会、饶平县地方志编纂委
员会印行，1990 年。

（清）郝玉麟修：雍正《广东通志》，岭南美术出版社 2009 年版。

（清）吴九龄：乾隆《梧州府志》，《故宫珍本丛刊》，海南出版社 2001 年版。

（清）穆彰阿等：嘉庆《重修大清一统志》，《续修四库全书》，上海古籍出
版社 2002 年版。

（清）徐化民：雍正《苍梧志》，《上海图书馆藏稀见方志丛刊》，国家图书
馆出版社 2011 年版。

（清）郭汝诚：咸丰《顺德县志》，成文出版社 1974 年版。

（清）吴辅宏：乾隆《大同府志》，《中国地方志集成》，凤凰出版社 2005 年版。

（清）吴颖纂修：顺治《潮州府志》，岭南美术出版社 2009 年版。

（清）郝玉麟修：雍正《广东通志》，岭南美术出版社 2009 年版。

（清）吴九龄：乾隆《梧州府志》，《故宫珍本丛刊》，海南出版社 2001 年版。

（清）穆彰阿等：嘉庆《重修大清一统志》，《续修四库全书》，上海古籍出
版社 2002 年版。

（清）郭汝诚：咸丰《顺德县志》，成文出版社 1974 年版。

三　史料汇编

姜亚沙主编：《内阁大库奏档》，全国图书馆文献缩微复制中心 2010 年印。

国家图书馆古籍影印室辑：《明清内阁大库史料合编》，国家图书馆出版社
2009 年版。

金毓黻编：《明清内阁大库史料》，东北图书馆，1949 年。

"中央研究院"历史语言研究所编：《明清史料》乙编、戊编、辛编，台湾"中
央研究院"历史语言研究所。

于浩编:《明清史料丛书续编》,国家图书馆出版社 2009 年版。

于浩辑:《明清史料八种》,国家图书馆出版社 2008 年版。

郑樑生编校:《明代倭寇史料》,台北:文史哲出版社 1987 年版。

松浦章、卞凤奎编:《明代东南亚海域海盗史料汇编》,台北乐学书局有限
公司 2009 年版。

姜亚沙主编:《明人奏议十七种》,全国图书馆文献缩微复制中心 2010 年印。

卢建一:《明清东南海岛史料选编》,福建人民出版社 2011 年版。

广东文征编印委员会编:《广东文征》,《广东文征》编印委员会,1976 年。

四　今人著作

中国人民保卫海疆斗争史编写组编:《中国人民保卫海疆斗争史》,北京出
版社 1979 年版。

张炜、方堃:《中国海疆通史》,中州古籍出版社 2003 年版。

杨金森、范中义《中国海防史》,海洋出版社 2005 年版。

《广东海防史》编委会编:《广东海防史》,中山大学出版社 2010 年版。

包遵彭:《中国海军史》,台北中华丛书编审委员会印行,1979 年。

海军军事学术研究所:《中国海防思想史》,海潮艺术出版社 1995 年版。

陈学霖:《〈张居正文集〉之闽广海寇史料分析》,收入氏著《明代人物与
史料》,香港中文大学出版社 2001 年版。

戴裔煊:《〈明史·佛郎机传〉笺证》,中国社会科学出版社 1984 年版。

[日] 松浦章:《中国的海贼》,谢跃译,商务印书馆 2011 年版。

易泽阳:《明朝中期海防思想研究》,解放军出版社 2008 年版。

黄中青:《明代海防的水寨与游兵》,明史研究丛刊明史研究小组印行,
2001 年。

萧国健:《关城与炮台:明清两代广东海防》,香港市政局,1997 年。

范中义:《筹海图编浅说》,解放军出版社 1987 年版。

唐志拔:《中国舰船史》,海军出版社 1989 年版。

陈文石:《明洪武嘉靖间的海禁政策》,台湾大学文史丛刊,1966 年。

陈贤波:《重门之御:明代广东海防体制的转变》,上海古籍出版社 2017 年版。

李金强等:《近代中国海防:军事与经济》,香港中国近代史学会,1999 年。

王兆春:《中国火器史》,军事科学出版社 1991 年版。

郑广南:《中国海盗史》,华东理工大学出版社 1998 年版。

张铁牛、高晓星:《中国古代海军史》,北京解放军出版社 2006 年版。

马大正主编:《中国边疆经略史》,中州古籍出版社 2000 年版。

张炜、方堃主编:《中国海疆通史》,中州古籍出版社 2003 年版。

林仁川:《明末清初私人海上贸易》,华东师范大学出版社 1987 年版。

王婆楞:《历代征倭文献考》,中正书局 1966 年版。

陈希育:《中国帆船与海外贸易》,厦门大学出版社 1991 年版。

张哲郎:《明代巡抚研究》,文史哲出版社 1995 年版。

张增信:《明季东南中国的海上活动》,私立东吴大学中国学术著作奖委员会,
    1988 年。

杨国桢、陈支平:《明清时代福建的土堡》,联合报文化基金会国学文献馆,
    1993 年。

杨国桢:《瀛海方程——中国海洋发展理论与历史文化》,海洋出版社 2008
    年版。

阎崇年主编:《戚继光研究论集》,知识出版社 1990 年版。

靳润成:《明朝总督巡抚辖区研究》,天津古籍出版社 1996 年版。

郭红、靳润成:《中国行政区划通史·明代卷》,复旦大学出版社 2007 年版。

肖立军:《明代省镇营兵制与地方秩序》,天津古籍出版社 2010 年版。

于志嘉:《卫所、军户与军役—以明清江西地区为中心的研究》,北京大学
    出版社 2010 年版。

陈健安:《军事地理学》,解放军出版社 1988 年版。

澳门大学中国文化研究中心:《明清广东海运与海防》,澳门大学,2008 年。

郑樑生:《明代的倭寇》,文史哲出版社 2008 年版。

赵树国:《明代北部海防体制研究》,山东人民出版社 2015 年版。

五 硕士、博士学位论文

林彩纹：《明代倭寇——以其侵略路线及战术为中心》，硕士学位论文，中国文化大学，1988 年，

李辉：《明代基层海防战区地理研究》，硕士学位论文，北京大学，2012 年。

陶道强：《清代前期广东海防研究》，硕士学位论文，暨南大学，2003 年。

施剑：《明代浙江海防建置研究——以沿海卫所为中心》，硕士学位论文，浙江大学，2011 年。

邵晴：《明代山东半岛海防建置研究——以沿海卫所为中心》，硕士学位论文，山东大学，2007 年。

牛传彪：《明代巡洋会哨制度刍探》，硕士学位论文，中央民族大学，2011 年。

周孝雷：《俞大猷的海防地理思想与海防实践研究》，硕士学位论文，暨南大学，2015 年。

杨培娜：《濒海生计与王朝秩序——明清闽粤沿海地方社会变迁研究》，博士学位论文，中山大学，2009 年。

钟铁军：《明代浙江海防战区地理研究》，博士学位论文，北京大学，2006 年。

赵红：《明清时期山东海防》，博士学位论文，山东大学，2007 年。

鲁延召：《明清时期广东中路海防地理研究》，博士学位论文，暨南大学，2010 年。

段希莹：《明代海防卫所型古村落保护与开发模式研究——以大鹏村为例》，硕士学位论文，长安大学，2011 年。

六 期（集）刊论文

程镇芳：《林则徐与广东的海防建设》，《福建师范大学学报》（哲学社会科学版）1982 年第 4 期。

萧国健：《明代粤东海防中路之南头寨》，《香港历史与社会》，台湾商务印书馆 1995 年版。

曾小全：《清代前期的海防体系与广东海盗》，《社会科学》2006 年第 8 期。

陈春声：《明代前期潮州海防及其历史影响》《中山大学学报》（社会科学版）

2007 年第 2—3 期。

陈春声:《从"倭乱"到"迁海"——明末清初潮州地方动乱与乡村社会变迁》,
　　《明清论丛》第二辑。

陈春声:《嘉靖"倭乱"与潮州地方文献编修之关系——以〈东里志〉的研
　　究为中心》,《潮学研究》第 5 辑,汕头大学出版社 1996 年版。

李庆新:《明代屯门地区海防与贸易》,《广东社会科学》2007 年第 6 期。

暨远志、张一兵:《明代前期广东海防建制的演变》《明代后期广东海防与
　　南头水寨》,《明清海防研究论丛》第一辑,广东人民出版社 2007 年版。

黄文德:《明"卫所制度"与大鹏所城建城》,《明清海防研究论丛》第一辑,
　　广东人民出版社 2007 年版。

陈忠烈:《明代粤西的海防》,《明清广东海运与海防论文集》,澳门大学,
　　2008 年。

霍启昌:《浅谈"澳门模式"与明清港澳地区海防》,《明清广东海运与海防
　　论文集》,澳门大学,2008 年。

林俊聪:《明清"闽粤咽喉"南澳岛的海防斗争》,《明清广东海运与海防论
　　文集》,澳门大学,2008 年。

邓开颂:《明中后期至清前期柘林湾海外贸易港的特点与饶平、潮州海防布
　　局关系之研究》,《明清广东海运与海防论文集》,澳门大学,2008 年。

张楚南:《浅谈明清时期的饶平海防——兼谈大城所的历史地位和作用》,
　　《明清广东海运与海防论文集》,澳门大学,2008 年。

李才尧:《清代虎门炮台略——兼评苏氏的小册子〈虎门〉》,《岭南文史》
　　1988 年第 1 期。

黄利平:《抗战时期的虎门要塞》,《岭南文史》2008 年第 2 期。

黄利平:《虎门炮台的分期——以广州所属虎门炮台为例》,《岭南文史》
　　2008 年第 4 期。

黄挺:《明前期潮州的海防建设与地方控制》,《广东社会科学》2007 年第
　　3 期。

刘明鑫:《晚清时期虎门炮台变迁》,《中山大学研究生学刊》(社会科学版)

2010 年第 2 期。

许浅娣：《关于虎门炮台建筑美学的探讨》、曲庆玲：《传统海防观与鸦片战争前的虎门炮台》（以上刊于《明清海防研究论丛》第三辑，广东人民出版社 2009 年版）。

黄利平：《第一次鸦片战争前广东水师虎门军演述略》,《明清海防研究论丛》第四辑，广东人民出版社 2010 年版。

唐立鹏：《评述林则徐防固澳门举措》，张建雄主编《鸦片战争研究》，广东人民出版社 2010 年版。

陈懋恒：《明代倭寇考略》,《燕京学报》专号 6，北平，1934 年。

黎光明：《嘉靖御倭浙江主客军考》,《燕京学报》专号 4，1934 年。

陈文石：《明嘉靖年间浙福沿海寇乱与私盐贩卖贸易的关系》，收入《明清政治社会史论》，学生书局 1991 年版。

刘勇：《李材与万历四年（1576）大征罗旁之役》,《台大历史学报》第 40 期，2007 年 12 月。

王仪：《明代平倭考》（上、中、下），《台北商专学报》，十九、二十、二十一期。

尹章义：《汤和与明初东南海防》,《"国立"编译馆馆刊》第 6 卷第 1 期，1977 年。

何富彝：《花茂与明代之粤东海防》,《广东文献》，19 卷 4 期，1989 年。

吴缉华：《明代海禁与对外政策的连锁性—海禁政策成因新探》,《明史研究论丛》第二辑，1985 年。

南炳文：《明代军制初探》,《南开史学》1983 年第 1 期。

范中义：《明代海防述略》,《历史研究》1990 年第 3 期。

胡晏：《明代"禁海"与"宽海"浅析》,《明史研究专刊》第 11 期，1992 年。

郝毓楠：《明代倭寇端委考》,《中国史研究》1981 年第 4 期。

陈文石：《明代卫所的军》,《"中央研究院"历史语言研究所集刊》第 48 本 2 分，1977 年 6 月。

陈抗生：《嘉靖倭寇探实》,《江汉论坛》1980 年第 3 期。

陈尚胜：《明代后期筹海过程考论》,《海交史研究》1990 年第 1 期。

陈香:《明代沿海抗倭史实汇考》,《食货月刊》,7卷11期,1978年2月。

陈列:《明代海防文献考》,《明清海防研究》第6辑,广东人民出版社 2012年版。

陈学文:《明代的海禁与倭寇》,《中国社会经济史研究》1983年1月。

陈学文:《论嘉靖时期的倭寇问题》,《文史哲》1983年第5期。

陈宝良:《明代乡村的防御体制》,《齐鲁学刊》1993年第3期。

陈贤波:《从荒岛贼穴到聚落村庄——以涠洲岛为例看明清时期华南海岛之开发》,《中国社会史评论》第十二卷,天津古籍出版社2011年版。

陈贤波:《〈三省备边图记〉所见隆庆年间闽广海寇经略》,《海交史研究》2016年第1期。

陈贤波:《论吴桂芳与嘉靖末年广东海防》,《军事历史研究》2013年第4期。

陈贤波:《明代中后期广东海防体制运作中的政治较量》,《学术研究》2016年第2期。

陈贤波:《明代中后期粤西珠池设防与海上活动——以〈万历武功录〉珠盗人物传记的研究为中心》,《学术研究》2012年第6期。

陈贤波:《柘林兵变与明代中后期广东海防体制》,《国家航海》第8辑,上海古籍出版社2014年版。

曹国庆:《试说明代的清军制度》,《史学集刊》1994年第3期。

张增信:《明季东南海寇与巢外风气(1567—1664)》,《中国海洋发展史论文集》第三辑。

萧国建:《明代粤东海防中路之大鹏所》,《广东文献》,19卷2期,1989年。

顾诚:《明帝国的疆土管理体制》,《历史研究》1989年第3期。

顾城:《谈明代的卫籍》,《北京师范大学学报》1989年第5期。

芦苇:《明代海南的"海盗"、兵备和海防》,《暨南学报》1990年第4期。

郭声波、鲁延召:《明清珠江口东岸海防部署中的巡检司》,《明清海防研究》第五辑,广东人民出版社2012年版。

吴宏岐:《澳门关闸的历史变迁》,《中国历史地理论丛》2013年第1辑。

吴宏岐、李贤强:《从〈贤博编〉看明代文人叶权的海防思想》,《安徽史学》

2016 年第 2 期。

吴宏岐：《澳门开埠与广东海防形势的变化》，《国家航海》2016 年第 1 期。

李贤强、吴宏岐：《明代福建月港"二十四将"叛乱与设县问题再研究》，《中国边疆史地研究》2017 年第 2 期。

吴宏岐、王亚哲：《嘉靖四十三年"三门之役"的战场及相关问题》，《中国历史地理论丛》2018 年第 2 辑。

鲁延召：《明清时期广东海防"分路"问题探讨》，《中国历史地理论丛》2013 年第 2 辑。

王日根：《明代东南海防中敌我力量对比的变化及影响》，《中国社会经济史研究》2013 年第 2 期。

王日根：《明代海防建设与倭寇海贼的炽盛》，《中国海洋大学学报》（社会科学版）2004 年第 4 期。

张德信：《明代倭寇与海防建设——兼论明代中日关系的走向》，《明史研究论丛》第五辑。

张德信：《嘉靖年间海防重建与倭寇溃败——兼及中日关系的变化与断绝》，《明史研究论丛》第六辑。

施丽辉：《从明代海防遗迹看其海防设施的防御性》，《乐山师范学院学报》2012 年第 10 期。

卢建一：《从明清东南海防体系看防务重心南移》，《东南学术》2002 年第 1 期。

张晓林、刘昌龙：《明清时期海防战略运用的历史演变及得失》，《明清海防研究》第 5 辑，广东人民出版社 2011 年版。

刘昌龙、张晓林、黄培荣：《明清时期海防的历史演变及启示》，《军事历史研究》2012 年第 2 期。

邸富生：《试论明朝初年海防》，《中国边疆史地研究》1995 年第 1 期。

李兆春、高新生：《明朝初年海防》，《中国海洋报》2010 年 5 月 28 日第 8 版。

后 记

　　2011年我自西北师范大学历史系本科毕业后，进入暨南大学历史地理研究中心攻读硕士学位，幸蒙吴宏岐师不弃，得以侧身门墙，在吴师的指导下开始关注明代广东海防地理问题。借助在广州读书之便利，我从明代各类史籍、地方志、奏疏、文集中蒐集阅读、整理了大量的广东乃至广东海防文献。在此基础上，从明代广东海防防御重心的空间演变入手，进行了相关基础性的研究。2014年硕士毕业后，我进入复旦大学中国历史地理研究所攻读博士学位，虽然研究方向依然属于边疆史地的范畴，但在时段上有了较大转变。即便如此，我依然持续关注着明清海防研究的最新动向，自己前期的一些研究心得也逐渐得以发表。2017年夏季，我博士毕业后，承蒙石玉平教授的荐邀，进入宝鸡文理学院政法学院工作。在日常教学工作之余，我重新就明代广东海防地理格局的时空演变问题，进行了更为系统探究，最终以这本书稿的形式呈现于世。虽然自己多年的努力有了一定的结果，但同时深恐自己的研究没能达到应当具有的学术高度。然而，敝帚自珍，倘若这项工作能为相关研究提供哪怕一丁点儿参考，吾愿足矣。

　　在书稿的撰写过程中，得到了诸多师友的支持。首先非常感谢我的硕士导师吴宏岐教授，本书前期写作过程中吴老师给予了极大的帮助和指导。在这本书稿申请出版资助的过程中，博士阶段的导师李晓杰教授不辞辛劳，披阅书稿，拨冗推荐，在此深表谢忱。

其次，一些学者的鼎力相助，同样令我非常感激。宝鸡文理学院王兴尚教授，仔细审读书稿，并撰写推荐意见书。政法学院张波院长，多次督促鼓励，并安排提供宽松优越的工作环境，使我能够专心从事研究。本校思政系的杨福荣、吕晓伟、吴雪会教授、刘刚副教授、社科处的工作人员，都曾给予我热情的帮助，使我获益良多。在此谨向以上提及的各位先生致以深深谢意。

另外，我要感谢我的家人，他们在我埋首于故纸堆的研究时，给予我极大的宽容与理解，使我心无旁骛，专心工作。

在书稿的撰写期间，本人有幸得到了2019年度教育部人文社会科学研究青年项目的资助，本书的最终出版也得到宝鸡文理学院优秀学术著作出版资助项目的资助。在此对这些项目资助单位深表感谢。

中国社会科学出版社编审宋燕鹏先生为本书的顺利出版付出了极大的辛劳。在此亦深表由衷的感谢。

韩虎泰　谨识
于宝鸡文理学院横渠书院
2019年3月6日